經營顧問叢書 ㊼

人力資源部流程規範化管理（增訂六版）

李河源 ／ 編著

憲業企管顧問有限公司　　發行

《人力資源部流程規範化管理》〈增訂六版〉

序　言

　　企業在競爭力的過程中，人力資源有著至關重要的作用，人力資源已經成為企業生存和發展的核心內容之一。人力資源管理的成敗，將決定企業在激烈的市場競爭中能否運行、能否持續發展，甚至關係到企業的生死存亡。

　　微軟公司 CEO 比爾‧蓋茨說：「如果把我們最優秀的 20 名員工拿走，我可以說微軟將變成一個無足輕重的公司。」

　　進入 21 世紀後，人力資源管理者在企業中的地位迅速上升。本書是一本實用性很強的人力資源管理工具書。為人力資源管理者提供了規範，它成為人力資源管理的經典範例和百寶箱。

　　本書從專業角度，介紹了人力資源管理部門的工作規範，提供具體操作的指導。 把工作流程與規範管理加以落實，進而落實到每一個工作崗位和每一件工作事項，是高效執行精細化管理的務實舉措；只有層層實行規範化管理，事事有規範，人人有事幹，辦事有標準流程，工作有方案，才能提高企業的管理水準，從根本上提高企業的執行力，增強企業的競爭力。

　　在眾多企業中，人力資源總監已經成為高層管理者必經的發展階梯。人力資源部門到底要為企業完成那些工作，怎樣才能真正發

揮人力資源部門的作用？事實上，人力資源是企業發展的重要源泉，本書在人力資源規劃，人力資源部的組織結構，人力資源工作崗位分析，職位說明書，員工招聘管理，面試與甄選、錄用管理，員工薪酬管理，員工培訓管理，員工績效管理，員工關係處理等內容，涉及多個行業的企業制度範例以及範本。

本書初版上市後，立刻獲得海內外眾多企業採用為公司內部實務參考工具書，銷售一空。此次是 2023 年 10 月增訂六版，獲得憲業企管顧問公司人力資源顧問專家協助，將書本內容重新修正，更實用，內容更多，重新打字，專門介紹企業人力資源部門的每一個工作流程與工作事項，指出具體的職責、管理制度、管理表格、工作流程和管理方案，是人力資源部規範化管理的實務工具書。

2023 年 10 月增訂六版

《人力資源部流程規範化管理》〈增訂六版〉

目　錄

第一章　人力資源部的人力資源規劃 / 9

根據公司發展需要，有效進行人力資源預測、投資和控制，制定全局性計劃，規範公司的人力資源規劃工作，以確保公司在需要時和需要的崗位上獲得各種適合的人才，從而保證公司戰略發展目標的實現。

第二章　人力資源部的組織結構 / 54

制定並實施各項管理制度，激發員工的積極性和潛能，根據工作任務需要，確立工作崗位名稱及其數量，確定崗位職務範圍，明確崗位任職資格，確定各個崗位之間的相互關係，明

確責任，以滿足企業持續發展對人力資源的需求。

第三章　人力資源部的工作崗位分析 / 68

工作崗位分析是人力資源管理的基本工具，系統地收集、評價和組織有關工作信息的過程，瞭解各項工作的性質、內容、方法、程序和責任，該崗位所需技能、經驗和知識等。通過工作崗位分析，可以幫助我們有效解決人才規劃、人員的甄選錄用、工作執行評價、培訓開發和公平管理等管理活動問題。

第四章　人力資源部的工作崗位說明書 84

職位說明書在企業管理中的作用十分重要，不但可以幫助任職人員瞭解其工作，明確其責任範圍，還為管理者的決策提供參考。工作崗位職位說明書一般由人力資源部統一製作、歸檔並管理。

第五章　人力資源部的人力招聘管理 / 112

人力資源部根據公司發展戰略目標對人才有所需求，負責招聘工作，建立並完善高效的招聘管理體系，落實公司制定的招聘計劃。規範員工招聘錄用程序，公開、公平、公正的原則，保證公司各部門各崗位能及時有效地補充到所需要的人才。

第六章　人力資源部的員工異動管理 / 158

員工異動管理制度根據公司管理制度、行政管理制度、財務管理制度的相關內容而制定，每一位員工，都應遵守公司考勤管理制度，嚴格規範個人行爲。

第七章　人力資源部的員工培訓管理 ／ 201

培訓是為了讓員工瞭解公司的歷史、發展情況、相關政策、企業文化、相關問題等，幫助員工加強能力、確立自己的人生規劃，明確自己未來在企業的發展方向，提高解決問題的能力。公司人力資源部承擔本公司員工各類培訓的管理工作，對培訓方式、內容、實施、效果評估等應結合公司實際制定出一套行之有效的培訓方案。

第八章　人力資源部的員工薪酬管理 ／ 247

制定薪酬福利政策，進行薪酬日常事務管理，遵循按勞分配的原則，建立規範合理的薪資分配體系。薪酬管理能激發人

員的積極性提高公司的生產效率，營造良好的工作氣氛，吸引人才，鼓勵員工長期為公司服務並增強公司的凝聚力，以促進公司的發展。

第九章　人力資源部的員工績效考核管理 / 275

績效考核反映企業員工工作成績，對工作業績、工作能力及工作態度進行客觀、公正的評價。充分發揮績效考核體系的激勵和促進作用，促使各階層人員不斷改善工作績效，從而提高企業的整體運行效率。

第十章　人力資源部的員工關係處理 / 334

建立和諧的員工關係、營造團結的氣氛是人力資源部的一項重要工作任務。員工關係管理就是企業和員工的溝通管理，讓其關心企業情況，支援企業的各項工作，進而激發企業全體

員工的積極性和創造性，增加企業的凝聚力。

第 *1* 章

人力資源部的人力資源規劃

第一節　人力資源規劃管理工作流程

一、人力資源需求預測流程

表 1-1-1　人力資源需求預測流程關鍵節點說明

關鍵節點	人力資源需求預測
①	人力資源部開展工作分析與職位研究，根據分析結果確定職務編制和人員配置
②	人力資源部進行人力資源盤點，統計出人員的缺編、超編以及是否符合職務資格要求等情況
③	將①、②的統計結論與部門管理者進行討論，修正統計結論
④	調整後的統計結論即為現實人力資源需求
⑤	根據企業發展規劃，確定各部門的工作量
⑥	根據工作量增長情況，確定各部門需增加職務及人數進行統計並匯總，其結果即為未來人力資源需求
⑦	對預測期內退休的人員及離職情況進行統計、預測，匯總數據
⑧	將⑦中兩項數據匯總即得出未來流失人力資源
⑨	將現實人力資源需求、未來人力資源需求和未來流失人力資源匯總，即得到企業整體人力資源需求預測

圖 1-1-1 人力資源需求預測流程

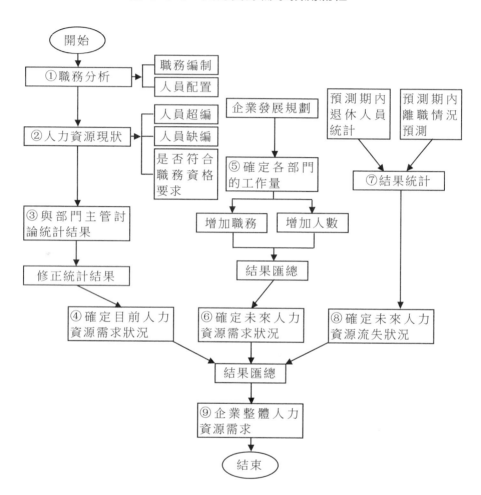

二、人力資源規劃管理流程

表 1-1-2　人力資源規劃管理流程關鍵節點說明

關鍵節點	人力資源規劃管理流程
①	人力資源部進行企業戰略分析，包括戰略目標、方針和關鍵成功因素，明確面臨的挑戰
②	人力資源部針對戰略分析結果，評估人力資源管理存在的問題
③	人力資源部根據企業戰略目標，開展人力資源需求預測，影響需求的因素包括：市場需求、技術與組織結構、預期活動變化、工作時間、教育和培訓等
④	人力資源部進行人力資源供給預測，影響供給的因素包括：所在地有效人力資源的供給現狀、公司薪資福利對人才的吸引程度、全國範圍內從業人員薪酬水準和差異等
⑤	根據人力資源需求與供給預測，得出年度人員的淨需求量
⑥	制定出戰略性人力資源問題的解決方案，編制各種人力資源工作計劃，包括晉升計劃、補充計劃、培訓計劃、配備計劃等
⑦	人力資源部組織實施各項人力資源工作計劃，並根據實際工作中出現的問題進行調整，靈活採用各種方式，保證企業戰略目標的順利實現
⑧	人力資源部對各項人力資源工作的執行情況進行回饋

圖 1-1-2 人力資源規劃管理流程

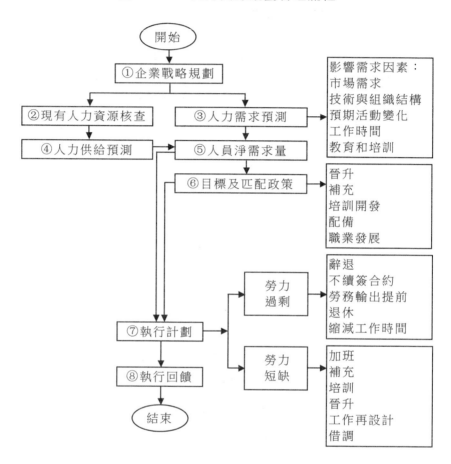

第二節　人力資源規劃管理重點

第一條　目的

為了規範公司的人力資源規劃工作，根據公司發展需要的內、外部環境，運用科學合理的方法，有效進行人力資源預測、投資和控制，並在此基礎上制定崗位編制、人員配置、教育培訓、薪酬分配、職業發展、人力資源投資方面的人力資源管理方案的全局性的計劃，以確保公司在需要的時間和需要的崗位上獲得各種適合的人才，以保證公司戰略發展目標的實現。

第二條　範圍

公司高層領導、人力資源部、各部門主要負責人。

第三條　作用

①確保公司在生存發展過程中對人力資源的需求，得到並保持一定數量具備特定技能、知識結構和能力的人員；充分利用現有人力資源。

②在預測公司未來發展的條件下，有計劃地逐步調整人員的分佈狀況，把人工成本控制在合理的支付範圍內。

③有助於激發員工的積極性，建設一支訓練有素、運作靈活的員工隊伍，增強公司適應未知環境的能力。

④預測公司潛在人員過剩或人力不足的問題，能夠及時採取應對措施。

⑤減少公司關鍵崗位及關鍵技術環節對外部招聘的依賴性。

第四條　職責

　　人力資源部是人力資源規劃的歸口管理部門，其他職能部門具體負責本部門的人力資源規劃工作，具體工作職責如下表所示。

表 1-2-1　工作職責

部門	具體工作職責
人力資源部	①負責制定、修改人力資源規劃制度，負責人力資源規劃的總體編制工作 ②負責公司人力資源規劃所需數據的收集並確認 ③負責開發人力資源規劃工具和方法，並且對公司各部門提供人力資源規劃指導 ④年初編制《公司年度人力資源規劃書》，報各部門負責人審核、總裁審批 ⑤將審批通過的《公司年度人力資源規劃書》作為重要機密文件存檔
各職能部門	①需向人力資源規劃專員提供真實詳細的歷史和預測數據 ②及時配合人力資源部完成本部門需求的彙報工作
公司高層	負責人力資源規劃工作的總體指導、監督、決策

第五條　原則

　　公司人力資源規劃工作需遵循以下四點原則，如下表所示。

表 1-2-2　人力資源規劃工作的四點原則

基本原則	詳細說明
1.動態原則	①人力資源規劃應根據公司內外部環境的變化而經常調整 ②人力資源規劃具體執行中的靈活性 ③人力資源具體規劃措施的靈活性及規劃操作的動態監控
2.適應原則	①內外部環境適應 　人力資源規劃應充分考慮公司內外部環境因素以及這些因素的變化趨勢 ②戰略目標適應 　人力資源規劃應當同公司的戰略發展目標相適應，確保二者相互協調
3.保障原則	①人力資源規劃工作應有效保證對公司人力資源的供給 ②人力資源規劃應能夠保證公司和員工共同發展
4.系統原則	人力資源規劃要反映出人力資源的結構，使各類不同人才恰當地結合起來，優勢互補，實現組織的系統性功能

第六條　內容

人力資源規劃工作的主要內容包括以下九個方面，如下表。

表 1-2-3　人力資源規劃工作的主要內容

規劃項目	主要內容	預算內容
1. 總體規劃	人力資源管理的總體目標和配套政策	預算總額
2. 配備計劃	中、長期內不同職務、部門或工作類型的人員的分佈狀況	人員總體規模變化而引起的費用變化
3. 離職計劃	因各種原因離職的人員情況及其所在崗位情況	安置費
4. 補充計劃	需補充人員的崗位、數量及要求	招募、選拔費用
5. 使用計劃	人員升職政策、升職時間、輪換工作的崗位情況、人員情況、輪換時間	崗位變化引起的薪酬福利等支出的變化
6. 職業計劃	骨幹人員的使用和培養方案	
7. 工作關係計劃	減少和預防工作爭議，改進工作關係的目標和措施	訴訟費及可能的賠償
8. 培訓開發計劃	培訓對象、目的、內容、時間、地點、講師等	培訓投入、脫產人員薪資及脫產引起的損失
9. 績效與薪酬福利計劃	個人及部門的績效標準、衡量方法、薪酬結構、薪資總額、薪資關係、福利以及績效與薪酬的對應關係等	薪酬福利的變動額

第七條　程序

公司人力資源規劃工作的基本程序如下圖所示。

圖 1-2-1　公司人力資源規劃工作的基本程序

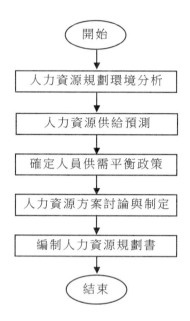

(一)企業人力資源規劃環境分析

①收集整理數據。公司人力資源部正式制定人力資源規劃前，必須向各職能部門索要各類數據(如下表所示)。人力資源規劃專員負責從數據中提煉出所有與人力資源規劃有關的數據信息，並且整理編報，為有效的人力資源規劃提供基本數據。

②人力資源部在獲取以上數據的基礎上，組織內部討論，將人力資源規劃系統劃分為環境層次、數量層次、部門層次，每一個層次設定一個標準，再由這些不同的標準衍生出不同的人力資源規劃活動計劃。

表 1-2-4　各職能部門的各類數據

1. 需要向各部門收集的數據資料	①公司整體戰略規劃數據	②企業組織結構數據
	③財務規劃數據	④市場行銷規劃數據
	⑤生產規劃數據	⑥新項目規劃數據
	⑦各部門年度規劃數據信息	
2. 本部門相關資料整理	①人力資源政策數據	②公司文化特徵數據
	③公司行為模型特徵數據	④薪酬福利水準數據
	⑤培訓開發水準數據	⑥績效考核數據
	⑦公司人力資源人事信息數據	
	⑧公司人力資源部職能開發數據	

③人力資源部應制定《年度人力資源規劃工作進度計劃》，報請各職能部門負責人、人力資源部負責人、公司總裁審批後，向公司全體人員公佈。

④人力資源部根據公司經營戰略計劃和目標要求以及《年度人力資源規劃工作進度計劃》，下發人力資源職能水準調查表、各部門人力資源需求申報表，在限定工作日內由各部門職員填寫後收回。

⑤人力資源部在收集完畢所有數據之後，安排專職人員對以上數據進行描述、統計並分析，製作《年度人力資源規劃環境分析報告》，由人力資源部審核小組完成環境分析的審核工作。

公司人力資源環境分析審核小組成員由公司各部門負責人、公司人力資源部環境分析專員、人力資源部負責人構成。

⑥人力資源部應將審核無誤的《年度人力資源規劃環境分析報告》報請公司高級管理層審核批准後方可使用。

⑦在人力資源環境分析進行期間，各職能部門應該根據部門的業務需要和實際情況，在人力資源規劃活動中及時全面地向人力資源部提出與人力資源有關的信息數據。人力資源環境分析工作人員應該認真吸收接納各職能部門傳遞的環境信息。

(二)人力資源需求預測

《年度人力資源規劃環境描述統計報告》經公司高級管理層批准後，由人力資源部人力資源規劃專員根據公司人力資源的需求和供給情況，結合公司戰略發展方向、公司年度計劃、各部門經營計劃，運用各種預測工具，對公司整體人力資源的需求情況進行科學的趨勢預測與統計分析。

人力資源需求預測有以下幾種常用方法。

1. 管理人員判斷法

管理人員判斷法，即企業各級管理人員根據自己的經驗和直覺，自下而上確定未來所需人員。具體工作方法如下圖所示。

圖 1-2-2　管理人員工作方法

這是一種粗淺的人力需求預測方法，主要適用於短期預測，若用於中、長期預測，結果會相當不準確。這種方法可以單獨使用，也可與其他方法結合使用。

2. 經驗預測法

經驗預測法也稱比率分析法，即根據以往的經驗對人力資源需求進行預測。

具體的方法是根據企業的生產經營計劃或每個人的生產能力、銷售能力、管理能力等進行預測。

由於不同人的經驗會有差別，不同員工的能力也有差別，特別是在管理人員及銷售人員當中，他們在能力、業績上的差別更大。所以，若採用這種方法預測人員需求時，要注意經驗的積累和預測的準確度。

3.德爾菲德爾菲法

德爾菲德爾菲法是指專家們對影響組織某一領域發展（如組織將來對勞動力的需求）達成一致意見的結構化方法。該方法的目標是通過綜合專家們各自的意見來預測某一領域的發展趨勢。具體來說，由人力資源部作為中源部作為中間人，將第一輪預測中專家們各自單獨提出的意見集中起來並加以歸納後回饋給他們，然後重覆這一循環，使專家們有機會修改他們的預測，並說明修改的原因。一般情況下重覆3～5次之後，專家們的意見即們的意見即趨於一致。

這裏所說的專家，可來自一線的管理人員，也可是高層經理；既可來自企業內部，也可以是外請的。專家的選擇基於他們對影響企業的內部因素的瞭解程度。例如，在估計將來企業對勞動力的需求時，企業可以選擇在計劃、人事、市場、生產和銷售部門任職的管理者作為專家。要使該方法奏效，應掌握以下技巧。

第一，要給專家提供相關的歷史資料以及有關的統計分析結果，使其能做出判斷。例如，人員安排情況和生產趨勢的資料。

第二，不要過分詢問人員需求的總的絕對數字，而應關心可能需要增加人員的百分比，或者某些關鍵人員（如鍵人員（如市場部經理或工程師）的預計增加數，詢問的問題要讓專家能夠回答。

第三，允許專家粗估數字而不要求精確，但要讓他們說明預測數字的可信度。

第四，使過程盡可能簡化，不要詢問那些與預測無關的問題。

第五，對人員的分類和定義，在職務名稱、部門名稱上要統一，保證所有專家能從同一角度理解這些分類和些分類和定義。

第六，要獲得高層管理人員和專家對德爾菲法的支援。

4.趨勢分析法

趨趨勢分析法是一種定量分析方法，其基本思路是，確定組織

中那一種因素與勞動力數量和結構的關係最密切,然後找出這一因素隨聘用人數而變化的趨勢,由此推斷未來的人力資源需求。趨勢分析法工作流程如下圖所示。

圖 1-2-3　趨勢分析法工作流程

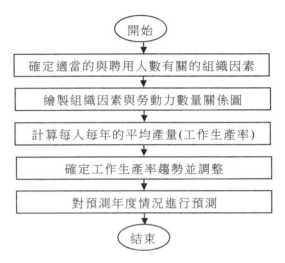

選擇與勞動力數量有關的組織因素是需求預測的關鍵一步。這個因素至少應滿足兩個條件:

第一,組織因素應與組織的基本特性直接相關;

第二,所選因素的變化必須與所需人員數量變化成比例。

根據這兩個條件,對學校來說,適合的組織因素可能是學生的錄取數;對醫院來說,可能是病人的人數;對鋼鐵企業來說,則可能是鋼產量。

有了與聘用人數有關的組織因素和工作生產率,我們就能夠估計出勞動力的需求數量。例如,某醫院預計每天將接收 150 個住院病人,而每天 3 個護士可以護理 10 個病人,那麼,該醫院對護士的需求量就是 45 人。

在運用趨勢分析法做預測時，可以完全根據經驗估計，也可以利用電腦進行回歸分析。所謂回歸分析，就是利用歷史數據找出某一個或幾個組織因素與人力資源需求量的關係，並將這一關係用一個數學模型表示出來，借助這個數學模型，就可推測未來人力資源的需求。但此過程比較複雜，需要借助電腦來進行。

人力資源需求預測的步驟。如圖 1-2-4 所示。

圖 1-2-4　人力資源需求預測的步驟

```
                    ┌──────┐
                    │ 開始 │
                    └──────┘
                       │
                       ▼
┌────────────────────────────────────────────┐
│ 根據職務分析的結果，確定職務編制和人員配置 │
└────────────────────────────────────────────┘
                       │
                       ▼
┌────────────────────────────────────────────┐
│ 統計出人員的缺編，超編以及是否符合職務資格要求 │
└────────────────────────────────────────────┘
                       │
                       ▼
┌────────────────────────────────────────────┐
│ 將統計結論在部門內討論並修正，得出現實人力資源需求 │
└────────────────────────────────────────────┘
                       │
                       ▼
┌────────────────────────────────────────────┐
│ 根據企業發展規劃，確定各部門的工作量 │
└────────────────────────────────────────────┘
                       │
                       ▼
┌────────────────────────────────────────────┐
│ 根據工作量增長情況確定各部門還需增加的職務及人數 │
└────────────────────────────────────────────┘
                       │
                       ▼
┌────────────────────────────────────────────┐
│ 匯總統計得出未來人力資源需求 │
└────────────────────────────────────────────┘
                       │
                       ▼
┌────────────────────────────────────────────┐
│ 對預測期內退休的人員進行統計，預測未來離職情況 │
└────────────────────────────────────────────┘
                       │
                       ▼
┌────────────────────────────────────────────┐
│ 將各項需求預測結果進行統計，預測出整體人力資源需求 │
└────────────────────────────────────────────┘
                       │
                       ▼
                    ┌──────┐
                    │ 結束 │
                    └──────┘
```

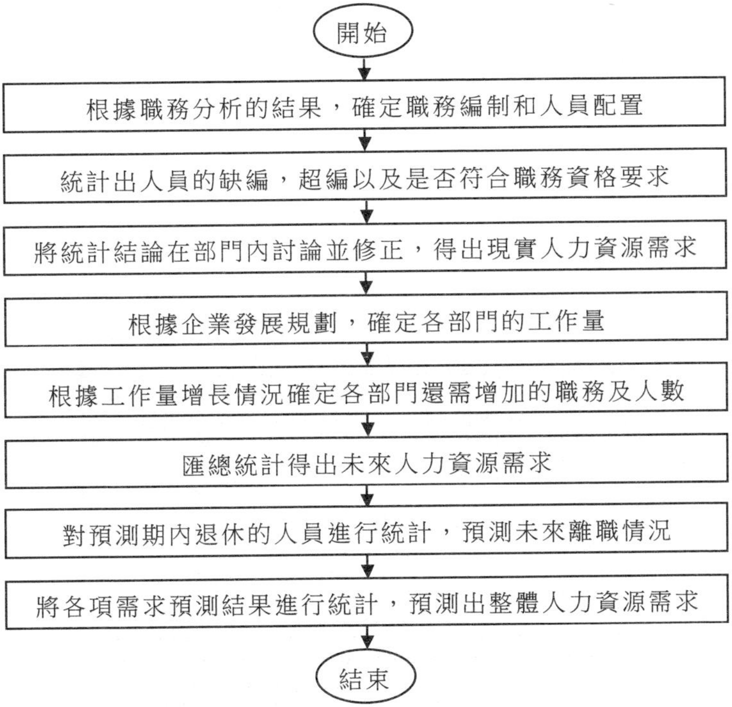

人力資源部人力資源規劃專員對公司人力資源情況進行趨勢預測統計分析之後，製作《年度人力資源需求趨勢預測報告》，報請公司領導審核、批准。

(三)人力資源供給預測

①人力資源供給預測的主要內容包括內部人員擁有量預測和外部供給量預測。內部人員擁有量預測，即根據現有人力資源及其未來變動情況，預測出規劃期內各時間點上的人員擁有量。外部供給量預測，即確定在規劃期內各時間點上可以從企業外部獲得的各類人員的數量。由於外部人力資源的供給存在較高的不確定性，所以外部供給量的預測應側重於關鍵人員，如各類高級人員、技術骨幹人員等。

②人力資源供給預測步驟。如圖 1-2-5 所示。

圖 1-2-5　人力資源供給預測步驟

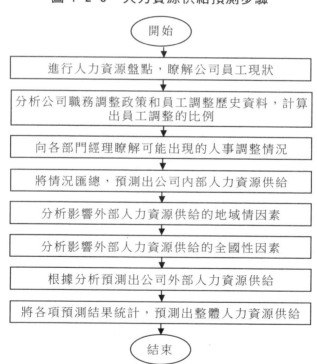

③人力資源部人力資源規劃專員對公司人力資源情況進行趨勢預測統計分析之後，製作《年度人力資源供給趨勢預測報告》，並上報公司領導審核、批准。

(四)人力資源供需平衡決策

人力資源部負責人審核批准《年度人力資源規劃需求趨勢預測報告》以及《人力資源規劃供給趨勢預測報告》之後，由公司人力資源部組建「人力資源規劃供需平衡決策工作組」。

①人力資源規劃供需平衡決策工作組成員由公司高層、各職能部門負責人、人力資源部相關人員構成。

②人力資源規劃供需平衡決策工作組的會議包括人力資源規劃環境分析會、人力資源規劃供需預測報告會和公司人力資源規劃供需決策會。

(五)人力資源各項計劃討論確定

①人力資源部在公司人力資源規劃供需平衡決策工作組定下工作日程之後，指定專門人員完成會議決策信息整理工作，並且制定《年度人力資源規劃書制定時間安排計劃》。

②人力資源部召開制定人力資源規劃的專項工作會議。此專項會議的內容應包括以下 14 項議程。

· 傳達公司人力資源規劃供需平衡決策，描述公司人力資源總規劃。
· 商討人力資源總規劃，形成《人力資源總規劃》（草案）。
· 商討人力資源配備計劃，形成《人力資源配備計劃》（草案）。
· 商討人力資源補充計劃，形成《人力資源補充計劃》（草案）。
· 商討人力資源使用計劃，形成《人力資源使用計劃》（草案）。
· 商討人力資源退休解聘計劃，形成《人力資源退休解聘計劃》（草案）。

- 商討人力資源培訓計劃，形成《人力資源培訓計劃》（草案）。
- 商討人力資源接班人計劃，形成《人力資源接班人計劃》（草案）。
- 商討人力資源績效管理計劃，形成《人力資源績效管理計劃》（草案）。
- 商討人力資源薪酬福利計劃，形成《人力資源薪酬福利計劃》（草案）。
- 商討人力資源勞動關係計劃，形成《人力資源勞動關係計劃》（草案）。
- 評審公司人力資源部職能水準，決策公司人力資源部戰略方向。
- 商討公司人力資源部職能水準改進計劃，形成《人力資源部職能水準改進計劃》。
- 分配人力資源規劃各個具體項目的實施單位或工作人員。

(六)編制人力資源規劃書並組織實施

①人力資源部指派專人匯總全部人力資源規劃具體項目計劃，編制《年度人力資源規劃書》，報經人力資源部全體員工核對，報經公司各職能部門負責人審議評定，交由公司人力資源部負責人審核通過，報請公司總裁批准。

②人力資源部負責組織實施《公司年度人力資源規劃書》內部員工溝通活動，保障全體員工知曉人力資源規劃的內容，以期保障人力資源規劃實施的順利進行。

③人力資源部應該將《公司年度人力資源規劃書》作為重要機密文件存檔。嚴格控制節約程序並將《年度人力資源規劃書》的管理納入公司有關商業機密和經營管理重要文件的管理制度。

第八條　人力資源規劃工作評估

人力資源規劃工作評估是一個定性的評估過程，成功的人力資源規劃可以在一個較長的時期內，使公司的人力資源狀況始終與經營需求基本保持一致。通過定期與非定期的人力資源規劃工作評估，能及時地引起公司高層領導的高度重視，使有關的政策和措施得以及時改進並落實，有利於激發員工的積極性，提高人力資源管理工作的效率。

(一)評估標準

人力資源規劃工作評估可從以下三個方面進行。

①管理層在人力資源費用變得難以控制或過度支出之前，是否採取措施來防止各種失衡，並由此使勞動力成本得以降低。

②公司是否可有充裕時間發現人才。因為好的人力資源規劃，在公司實際僱用員工前，已經預計或確定了各種人員的需求。

③管理層的培訓工作是否可以得到更好的規劃。

(二)評估方法

①目標對照審核法，即以原定的目標標為標準進行逐項的審核評估。

②資料分析法，即廣泛地收集並分析研究有關的數據，如管理人員、專業技術人員、行政事務人員、行銷人員之間的比例關係，或在某一時期內各種人員的變動情況，如員工的離職、曠工、遲到、員工的報酬與福利、工傷與抱怨等方面的情況等。

第九條　附則

①本管理制度由人力資源部負責解釋。對於本制度所未規定的事項，則按人力資源管理規定和其他有關規定予以實施。

②本管理制度自發佈之日起執行。

第三節　人力資源管理的預算方案

一、人力資源的預算制度

第一條　目的

為合理安排人力資源管理活動資金，規範活動的費用使用，在遵循公司戰略目標和人力資源戰略規劃目標的前提下，依據公司預算制度，人力資源部除應編制年度人力資源管理預算外，還應逐月編制費用預計表，以便充分發揮資金的運用效果。

第二條　範圍

人力資源管理預算的編制、執行與調整涉及公司的所有部門及主要人員，包括公司所有的業務部門與職能部門的人力資源管理活動。

第三條　職責

人力資源部是人力資源管理預算的主要執行部門，其他各職能部門具體負責本部門的人力資源規劃工作，並提供相關數據，公司預算委員會負責審查、核准等，具體工作職責如下表所示。

表 1-3-1　工作職責

部門	具體工作職責
人力資源部	① 根據公司人力資源戰略規劃及公司年度經營計劃，編制年度人力資源管理預算，報預算委員會審批 ② 負責公司人力資源管理預算所需數據的收集和確認 ③ 按時進行各項費用的月預算，編制費用預算表 ④ 及時預測變化的情況，對預算提出修改意見
各職能部門	需向人力資源部提供真實詳細的歷史和預測數據，配合人力資源部完成本部門需求的申報工作
預算委員會	① 負責審核年度預算、決算報告及中長期預算、規劃 ② 審定下達正式預算 ③ 根據預算執行中遇到的問題，及時組織對預算進行調整

第四條　作用

公司實施人力資源預算管理的作用主要有以下 4 個方面。

① 人力資源管理預算是對公司整體人力資源活動的一系列量化的計劃安排，有利於人力資源戰略規劃及年度工作計劃的監控執行，並能夠及時對可能出現的變化做好準備。

② 人力資源管理預算是對人力資源部門人員進行績效考核的主要依據。

③ 可促進公司各類資源的有效配置，提高資源利用效率。

④ 加強對費用支出的控制，有效降低人力資源管理成本。

第五條　工作期間

① 人力資源部應於年度經營計劃書編訂時，提送年度管理資金預算。此外，還應於每月 24 日前將逐月預計的後三個月的費用情況資料送會計部，以利於彙編。

②人力資源部應於每月 28 日前編妥後三個月的各項費用預計表,並於次月 15 日前,編妥上月實際與預計的費用比較表一式三份。比較表呈總經理核閱後,一份自存,一份留存總經理辦公室,一份送財務部。

第六條　預算編制的依據

①董事會確定的經營發展規劃及人力資源戰略規劃。

②上一年度人力資源管理活動的實際費用情況及本年度預計的內外部變化因素。

第七條　預算編制的原則

預算編制應遵循可行性、客觀性、科學性和經濟性的原則。

第八條　預算編制

(一)人力資源管理費用預算編制

表 1-3-2　人力資源管理費用預算編制

活動項目	費用項目
招聘	廣告費、招聘會務費、高校獎學金
人才測評	測評費
培訓	教材費、講師勞務費、培訓費、差旅費
公務出國	護照費、簽證費
調研	專題研究會議費、協會會員費
工作合約	認證費
辭退	補償費
工作糾紛	法律諮詢費
辦公業務	辦公用品與設備費
殘疾人安置	殘疾人就業保證金
薪酬水準市場調查	調研費

(二)人力資源管理費用構成要素

圖 1-3-1　人力資源管理費用構成要素

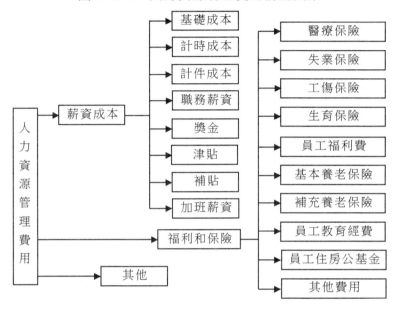

第九條　人力資源管理費用預算編制流程

(一)編制人力資源管理費用預算流程

圖 1-3-2　人力資源管理費用預算流程

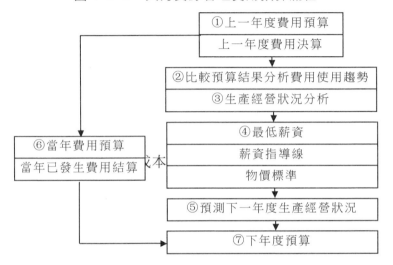

①上一年度費用預算
上一年度費用決算

②比較預算結果分析費用使用趨勢
③生產經營狀況分析

⑥當年費用預算
當年已發生費用結算

④最低薪資
薪資指導線
物價標準

⑤預測下一年度生產經營狀況
⑦下年度預算

①人力資源原始成本核算內容，見下圖。

圖 1-3-3　人力資源原始成本核算內容

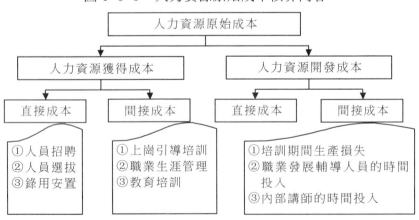

人力資源原始成本

人力資源獲得成本　　　人力資源開發成本

直接成本　　間接成本　　直接成本　　間接成本

①人員招聘
②人員選拔
③錄用安置

①上崗引導培訓
②職業生涯管理
③教育培訓

①培訓期間生產損失
②職業發展輔導人員的時間投入
③內部講師的時間投入

②人力資源後果置成本核算內容,見下圖。

圖 1-3-4 人力資源後果置成本核算內容

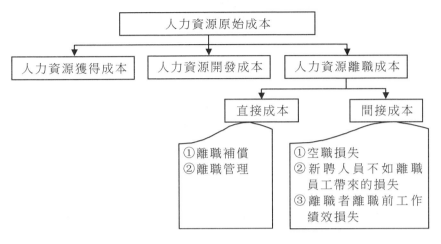

③人力資源部在進行實際預算時,應考慮各項可能變化的因素,留出預備費,以備發生預算外支出。

第十條 人力資源管理預算審批

人力資源部做好年度預算後,編制年度預算書,並在三個工作日內上報預算委員會進行核准、審批。

第十一條 人力資源管理預算的執行與控制

(一)人力資源管理預算的執行

①人力資源部收到預算委員會批復的年度預算後,按計劃實施。

②人力資源部應建立全面預算管理簿,按時填寫預算執行表,按預算項目詳細記錄預算額、實際發生額、差異額、累計預算額、累計實際發生額、累計差異額(下表為預算執行表)。

表 1-3-3 預算執行表

項目	月		季累計		年累計	
	預算	實際	預算	實際	預算	實際
費用使用額						
培訓費用						
外派學習						
入職培訓						
業務培訓						
小計						
薪金費用						
員工薪資						
保險總額						
福利費用						
其他						
小計						
總計						

(二)人力資源管理預算的控制

①預算控制的方法原則上依金額進行管理,同時運用項目管理和數量管理的方法。

- 金額管理:從預算的金額方面進行管理。
- 項目管理:以預算的項目進行管理。
- 數量管理:對一些預算項目除進行金額管理外,從預算的數量方面進行管理。

　②在預算管理過程中，對預算內的項目由人力資源部經理進行控制，預算委員會、財務部進行監督，預算外支出由公司主管財務的副總經理和公司總經理直接控制。

　③下達的預算目標是與業績考核掛鈎的硬性指標，一般情況不得突破。根據預算執行的情況對責任人進行獎懲。

　④因費用預算遇到特殊情況確需突破時，必須提出申請，說明原因，經公司主管財務的副總經理審批納入預算外支出。如果支出金額超過預備費，必須由預算委員會審核批准。

　⑤預算剩餘可以跨月轉入使用，但不能跨年度。

　⑥預算執行中由於市場變化或其他特殊原因(如已制定的預算缺乏科學性或欠準確、國家政策變化等)阻礙預算發揮作用時，及時進行預算修正。

第十二條　預算修正的權限與程序

　預算的修正權屬於預算委員會和公司董事會。當遇到特殊情況需要修正預算時，人力資源部必須提出預算修正分析報告，詳細說明修正原因以及對今後發展趨勢的預測，提交預算委員會審核並報董事會批准，然後執行。

第十三條　預算的執行回饋與差異分析

　預算執行過程中，人力資源部要及時檢查、追蹤預算的執行情況，形成預算差異分析報告，於每月 15 日將上月預算差異分析報告交財務部。

(一)預算執行情況回饋流程

圖 1-3-5 預算執行情況回饋流程

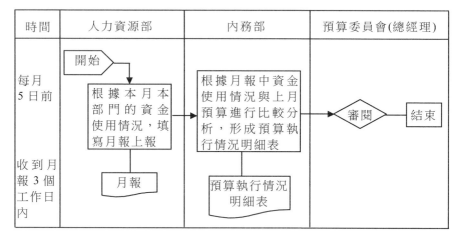

時間	人力資源部	內務部	預算委員會(總經理)

(二)預算差異分析報告應包含的內容

①預算額、本期實際發生額、本期差異額、累計預算額、累計實際發生額、累計差異額,見下表 1-3-4。

②對差異額進行的分析。

③產生不利差異的原因、責任歸屬、改進措施以及形成有利差異的原因和今後進行鞏固、推廣的建議。

第十四條　預算的考核與激勵

①預算考核對象與作用

人力資源部管理預算考核主要是對預算執行者的考核評價。預算考核是發揮預算約束與激勵作用的必要措施,通過預算目標的細化分解與激勵措施的付諸實施,達到引導公司每一位員工向公司戰略目標方向努力的效果。

②預算考核原則

預算考核是對預算執行效果的一個認可過程。考核應遵循下表

1-3-5 所示的原則。

③公司通過季/年度考核保證預算的實施。

④季/年度預算考核是對前一季預算目標完成情況進行考核,及時發現可能的潛在問題,或者必要時修正預算,以適應外部環境的變化。

表 1-3-4　預算差異分析報告應包含的內容

填報單位:　　　　　　填報人:　　　　　　填報時間:

項目	月				季累計				本年累計			
	預算	實際	差異	差異率	預算	實際	差異	差異率	預算	實際	差異	差異率
費用分攤額												
培訓費用												
外派學習												
入職培訓												
業務培訓												
小計												
薪金費用												
員工薪資												
保險總額												
福利費用												
其他												
小計												
辦公費用												
辦公用品												
出差												
小計												
總計												

表 1-3-5　預算考核應遵循的原則

預算考核原則	具體內容說明
目標原則	以預算目標為基準，依據預算完成情況評價預算執行者的業績
激勵原則	預算目標是對預算執行者業績評價的主要依據，考核必須與激勵制度相配合
時效原則	預算考核是動態考核，每期預算執行完畢應立即進行
例外原則	對一些阻礙預算執行的重大因素，如市場的變化、重大意外災害等，考核時應作為特殊情況處理
分級考核原則	預算考核要根據部門結構層次或預算目標的分解層次進行

第十五條　附則

本管理制度由人力資源部擬訂並負責解釋，經預算委員會批准後實施。

二、年度人力資源部費用預算及使用情況分析

根據公司預算制度及人力資源管理預算制度規定，人力資源部在充分考察以往年度費用預算及使用情況的基礎上，結合本年度公司經營目標及人力資源規劃，本著客觀、可行的原則，編制公司 2023 年人力資源管理預算方案。

人力資源部通過收集公司三年內人力資源費用預算及使用情況數據，並分析整理，如下表 1-3-6 所示。

由表數據可以得出如下結論。

1.隨著公司經營業績的不斷增長及業務範圍的擴展，每年公司需要招聘各類崗位員工，招聘費用基本以平均 40%的速度遞增。

2. 隨著公司員工總數的逐年增加,員工薪資費用支出平均以 30% 的速度遞增。

3. 隨著公司經營效益的提高及員工總數的增加,各項福利費用 亦隨之遞增。

4. 根據國民生產總值的不斷提高,本地區人均薪資水準不斷提 高,員工保險繳費基數亦逐年相應提高,加之公司員工總數的提高, 公司每年繳納社會保險總數基本平均以每年 20%的速度遞增。

5. 其他各類人力資源相關費用支出平均以 35%的速度遞增。

6. 公司人力資源管理費用總額平均以 28%的速度遞增。

表 1-3-6　三年內人力資源費用預算及使用情況數據

單位:萬元

項目	2022 年		2023 年		2024 年	
	預算	實際	預算	實際	預算	實際
招聘	0.85	0.8	1.2	1.25	1.6	1.6
培訓費用	3	2.8	3.5	3.4	4.2	4
員工薪資	150	144	180	183	235	240
各項福利費用	20	18.9	22	24	28	27.9
社會保險總額	60	58	72	73.2	84	83.5
其他相關費用	4	4.5	6	5.8	8	8.5
總計	237.85	229	284.7	290.65	360.8	364.5

(一)公司經營狀況分析

1. 公司 2023 年的發展目標為繼續以 40%的增長速度發展。

2. 預計新增業務項目 2 項,人員編制 15 人,其中項目經理 2 名。

3. 預計公司在傳統業務項目上加大運營力度,銷售和研發人員 會有所增加。

4. 公司相關人力資源管理制度、政策的調整對人力資源管理費 用的影響。

(二)2023 年公司人力資源相關政策的調整

根據公司於 2022 年 12 月 30 日公佈的《2023 年人力資源制度》的規定，對相關人力資源管理政策的調整特總結如下表所示。

表 1-3-7　對相關人力資源管理政策的調整

人力資源政策	調整內容
招聘政策調整	①2023 年起，大力實行中高級人才內部推薦制，經公司考核合格後錄用為正式員工的，每成功一名，獎勵推薦員工 500 元 ②2023 年將進一步完善非開發人員的選擇程序,加強非智力因素的考查；研發人員的選擇仍以面試和筆試相結合的考察辦法；此外，在招聘集中期，可以採用「合議制面試」，即總經理、主管副總經理、部門經理共同參與面試，以提高面試效率
薪資福利政策調整	①經總經理提議，董事會批准,2023 年 1 月起增加員工工齡津貼，為企業連續服務每滿一年的每月增加 20 元工齡津貼 ②2023 年起能完成半年度生產、銷售和利潤目標的部門，企業將撥款，由部門組織員工春遊、秋遊各一次,費用為每人 200～500 元，視完成利潤情況決定具體數額
考核政策調整	①2023 年起實行全面的目標管理，公司根據各部門、各崗位人員目標的完成情況進行績效考核 ②廢除企業原有的考核成績居末位員工提前終止工作關係的條例，調整為考核不合格則提前終止工作關係的新條例，目的是使考核更能夠反映員工實際工作表現 ③2023 年起建立部門經理對下屬員工做書面評價的制度，每季一次，讓員工及時瞭解上級對自己的評價，發揚優點，克服缺點 ④2023 年起建立考核溝通制度，由直接上級在每月考核結束時進行溝通 ⑤2023 年加強對考核人員的專業培訓，減少考核誤差，提高考核的可靠性和有效性

續表

員工培訓 政策調整	①2023年起新進員工的上崗培訓，除制度培訓之外，增加崗位操作技能培訓和安全培訓，並實行筆試考試。考試合格方可上崗 ②2023年起管理培訓由人力資源與專職管理人員合作開展，不聘請外部專業培訓人員。培訓分管理層和員工兩個部份，重點對現有的管理模式、管理思路進行培訓 ③2023年起為了激勵員工在業餘時間參加專業學習培訓，經企業審核批准，凡願意與企業簽訂一定服務年限合約的，企業予以報銷部份或全部培訓學費

(三)2023年各項費用預算編制

1.人力資源管理費用構成要素

表1-3-8　人力資源管理費用構成要素

活動項目	費用項目
招聘費	廣告費、招聘會務費、高校獎學金、材料費
培訓費	教材費、講師勞務費、培訓費、差旅費
員工薪資	各崗位人員的基本薪資、績效薪資、工齡薪資
各項福利	崗位津貼、交通補助、管理人員通信費補助、旅遊
保險費	養老、醫療、失業、工傷、生育險(女性員工)、住房公積金
其他相關費用	人才測評費、專題研究會議費、協會會員費、認證費、辭退補償費、法律諮詢費、辦公用品與設備費、殘疾人就業保證金等

2.人力資源管理費用預算編制

⑴招聘費用預算,如下表所示。

表 1-3-9　招聘費用預算

單位:元

校園招聘講座費用	計劃對本科生和研究生各進行 3 次講座,共 6 次。每次費用 500 元,共計 3000 元
參加人才交流會	參加交流會 3 次,每次平均 2400 元,共計 7200 元。
宣傳材料費	交流會及校園招聘會的宣傳材料合計 2500 元
網路招聘會	在××招聘網站上刊登招聘信息一年,費用合計 9600 元
合計	22300 元

⑵培訓費用。2022 年實際培訓費用為 40000 元,本年扣除外聘人員的勞務費支出,增加新進員工的上崗培訓費用,預計 2023 年培訓費用約為 46000 元。

⑶員工薪資預算。按企業增資每年 5%計算和增加員工 15 人計算,全年薪資支出預算為 3020000 元。

⑷員工福利預算。增加春遊、秋遊費用 40000 元(由行政部預算並組織),員工的各項福利費用預算為 312000 元。

⑸社會保險金。2022 年社會保險金共交納 835000 元,按 20%遞增,預計 2023 年社會保險金總額為 1000000 元。

⑹人力資源部考慮各項可能變化的因素,留出預備費 20000元,以備發生預算外支出。

3. 2023 年公司人力資源管理預算表

表 1-3-10　2023 年公司人力資源管理預算表

單位：萬元

各項費用	預算額
招聘費	2.3
培訓費	4.6
員工薪資	302
各項福利費用	31.2
社會保險	100
其他各項費用	10

第四節　人力資源部的年度工作計劃執行表

1. 部門總目標

部門目標及分目標（必要時分解）	執行計劃的內容	KPI值	負責人
管理費用分析	⑴每次對發生的費用分類統計	每次	行政專員
	⑵每週對上一週的費用統計分析	1次/週	行政專員
	⑶每月8日對上個月的費用進行統計分析	1次/月	部門經理
員工伙食滿意度70分	⑴每天行政專員對廚房進行20分鐘巡查，檢查衛生與食品製作是否按要求執行	1次/天	行政專員
	⑵每天對購買回來的食品進行橫向清點，監控質與量，以及對標準作業程序執行檢查	1次/天	行政專員
	⑶每週六排下週菜單，並審核菜單合理性	1次/週	食堂主管

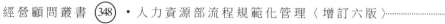

右上角：續表

部門目標及分目標 （必要時分解）	執行計劃的內容	KPI值	負責人
員工伙食滿意度 70分	⑷每週定期與食堂舉行溝通會議，檢討不足，指正整改事項	1次/月	行政專員
	⑸每週做伙食調查表10-20份，及時整改失分最嚴重事項	2次/月	部門經理
	⑹每月對伙食滿意度進行檢討分析，制訂下期改善計劃與目標	1次/天	部門經理
	⑺每季對菜市場進行價格摸低，根據菜價行情變化，向公司提供適當的臨時菜價報告與申請	1次/季	行政專員
	⑻每月對食堂工作人員，實施2～4小時的服務意識培訓，提升分菜員服務水準	1次/週	行政專員
	⑼2016年伙食滿意度按不同的權重納入行政專員、人事專員、總務文員的績效考核中	1次/月	績效專員
招聘達成率85%	⑴每天定時對招聘網和外招聘廣告進行更新，每日篩選簡歷不少於5份，每週不少於20份，對應聘人員進行電話溝通瞭解	1次/週	人事專員
	⑵在公司週邊附近，建立具有明顯優勢的招聘廣告宣傳（如海報、橫幅、公司指示牌），吸引週邊優秀人才	1天次	人事專員
	⑶員工招聘，每週設點擺攤招聘，並當日進行總結檢討；文職招聘，網上招聘和參加XX現場招聘會	1次/週	人事專員
	⑷4月對外界環境進行調查分析，5月根據調查數據向公司提供更具競爭力的薪資方案，建立人才優勢	1次/季	部門經理

續表

部門目標及分目標 （必要時分解）	執行計劃的內容	KPI值	負責人
招聘達成率85%	⑸1月為公司提供2份吸引優秀人才的激勵方案，有效激勵人才招聘		部門經理
	⑹人事專員每週定期與在廠優秀員工進行溝通談話，關心解決其困難，同時發動其介紹優秀人才進廠，每週面談3～5名	1次/週	人事助理、部門經理
	⑺所有員工離職，人事專員均需要進行離職面談，並記錄其離職原因和聯繫電話，以便優秀員工電話回訪實施招聘	1次/週	人事助理、部門經理
	⑻每月對招聘進行統計和總結，分析最有效招聘時間、地點、人群等，把握招聘黃金時間段和黃金地點，實施高效招聘	1次/月	人事助理、部門經理
	⑼招聘達成率按權重劃分列入人事專員、行政專員的月績效考核	1次/月	績效專員
員工離職率5%	⑴人事專員做好員工離職原因調查分析，並形成文字檔案記錄其離職原因	1次/週	人事專員
	⑵定期對週邊企業和外部其他企業的薪資進行調查，為公司提供合理化薪資建議，建立公司競爭優勢	1次/季	部門經理
	⑶對新進員工進行入職培訓、晉升激勵、崗前培訓，培養新人熱愛公司文化，增強員工歸屬感	1次/週	部門經理
	⑷新員工入職試用期內，人事專員每週跟進與其溝通談話，及時心理疏導	1次/週	人事專員
	⑸重視文化生活建設，每月舉辦一場集體文化活動，豐富文化生活	1次/月	行政專員

續表

部門目標及分目標 （必要時分解）	執行計劃的內容	KPI值	負責人
員工離職率5%	(6)每週一次後勤保障服務的檢討會，發現問題，整改問題	1次/月	行政專員
	(7)每一位員工離職，管理部必須與部門經理進行當面有效溝通留員，並把此項列入人事專員操作規範中	1次/週	人事專員
	(8)每月管理部人員對人力資源管理學習2小時，提升管理部團隊留員協調的能力	1次/週	部門經理
	(9)員工流失率按權重納入人事助理、行政專員績效考核中	1月/次	績效專員
培訓計劃達成率	(1)每月25日統計下個月的各部門培訓計劃，並製成總表	1月/次	人事專員
	(2)每週對公司各部門的培訓進行跟進	1次/週	人事專員
	(3)每月5日前公佈上一個月各部門的培訓達成率進行統計公示	1月/次	人事專員
導入績效管理	(1)每月3日為部門績效考核日，管理部收集各部門經理的績效考核成績		績效專員
	(2)1月要求並監督各部門構建科員級基本的數據和表單		績效專員
	(3)3月對各部門科員級人員進行績效培訓與檢討		績效專員
	(4)4月各部門科員級試行績效考核		績效專員
	(5)5月1日正式將績效管理值下達到部門各員		績效專員
	(6)每月3日（遇節假日期順延）至5日統計分數，10日產生考核結果		績效專員

2.上級期望

招聘及時率100%	⑴管理部團隊每月2小時培訓招聘技能,培養獨立招聘能力		人事助理
	⑵每月根據公司的需求,滿足招聘及時率100%		部門經理
	⑶拓寬多條招聘的管道,建立起具有自身優勢的招聘資源(如電話回訪、招聘資料積累)		部門經理
人力資源管理學習	⑴每月開展2～4小時人力資源學習	1次/月	行政專員
	⑵人事專員、行政專員人力資源外訓	1次/週	行政專員
	⑶幫助公司建立強大的人力資源體系		部門經理
處理違紀違規及時率100%	⑴不斷完善公司人力資源管理制度,建構健全的管理制度體系	1次/月	部門經理
	⑵嚴格執法,嚴格處理違法違紀的事項		部門經理
	⑶全面協調處理公司一切突發事故		部門經理
	⑷完成上級交辦的臨時任務		部門經理

3.自我改善

部門團隊建設	⑴本部門人員進行工作檢討,重新調整部份工作崗位分工	1次/週	部門經理
	⑵1月將部門目標正式下達到各員,並進行目標簽訂與績效考核		部門經理
	⑶每月堅持本部門培訓,並不斷尋找適合本部門發展的培訓課程	4小時/月	部門經理
	⑷定期舉辦部門活動,營造團隊氣氛	1次/季	部門經理

第五節 （案例）人力資源規劃的管理案例

一、公司人力資源現況分析

（一）數據資料的收集

人力資源部於 2022 年 12 月開始進行有關人力資源狀況的數據收集工作，經過對數據的統計整理，出 2020～2023 年公司人力資源狀況與預測，如表 1-5-1 所示。

表 1-5-1　人力資源狀況與預測

年份 人員結構	2020 年	2021 年	2022 年	2023 年
員工總數	25	40	65	83
專業管理人員	3	6	9	11
一般管理人員	5	10	14	17
中高層管理人	2	4	5	7

（二）人員分析

企業目前擁有具備較高水準的管理人員 18 人，其中高級職稱的人員約 4 人（佔企業總人數的 4.8%）；中級職稱的人員 14 人（約佔企業總人數的（16.9）；中高層管理人員 7 人平均年齡 45 歲，有本科以上學歷的僅佔 16%。人員離職比例 2020～2021 年為 47.6%,2021～2022 為 30.9%，2022～2023 年為 28%。人員增長比例 2020～2021 年為 60%，2021～2022 年為 62.5%，2022～2023 年為 27.7%。

從上述數據不難看出，企業目前的人力資源配置尚不合理，主要表現在以下 5 個方面，如下表所示。

表 1-5-2　人力資源配置不合理的五個方面

不合理的表現	具體分析
1. 管理人員持有中高級職稱的比例過低	企業現有管理人員 35 人，持有中高級職稱的僅佔總人數的 21.7%，未達到應有的 70%～80%水準。因此，企業的崗位評價、招聘錄用、培訓機制等人力資源管理方面都應當加強
2. 人員增長和離職的比例失調	由於企業的人力資源管理在績效考核、淘汰與晉升、人力資源開發等模組上缺乏統一性和制度化，引起人員流動的不協調。人員增長可基本控制在 18%左右，而離職比例控制在 10%左右是較科學的
3. 管理層人數比例過高	企業的管理層人數 35 人，佔總人數的 42%，形成了「管的人多，幹活的人少」的管理構架。管理層結構扁平化更為合理，其比例以不超過總人數的 25%為宜
4. 人力資源管理的基礎制度和激勵制度未形成規範	企業目前的各項人力資源基礎制度尚不完善，這可能會導致管理中出現「執行依據不足，人為因素過多」的問題。另外，如果人才激勵機制不完善，就會產生「進的人多，出的人少」、「留的人雜，走的人怨」等現象
5. 人力資源管理尚停留在基礎的人事管理上	企業如何留住、培養、使用、激勵和開發人才等問題不是簡單地進行人事管理就可以解決的，而應以不同階段的企業經營戰略目標為依據，以專業的人力資源管理軟體為工具，以各級管理部門的配合為支持，進行企業化的人力資源規劃。搭建科學、合理、制度化的人力資源架構，實施以企業管理為指導、分級管理為基礎、嚴格執行的人力資源管理制度

二、職務設置與人員配置計劃

　　根據公司 2023 年發展計劃和經營目標，人力資源部協同各部門制定了 2023 年的職務設置與人員配置計劃。在 2023 年，企業將劃分為 8 個部門，其中行政副總經理負責行政部和人力資源部，財務總監負責財務部，行銷總監負責銷售一部、銷售二部和產品部，技術總監負責開發一部和開發二部。具體職務設置與人員配置如下表所示。

表 1-5-3　具體職務設置與人員配置

部門	職位編號	職位名稱	建議人數(人)
決策層	M-01	總經理	1
	M-02	行政副總	1
	M-03	財務總監	1
	M-04	行銷總監	1
	M-05	技術總監	1
	合計人數：5 人		
行政部	A-01	行政部經理	1
	A-02	行政助理	2
	A-03	行政文員	2
	A-04	司機	2
	A-05	接線員	1
	合計人數：8 人		
財務部	B-01	財務部經理	1
	B-02	會計	1
	B-03	出納	1
	B-04	財務文員	1
	合計人數：4 人		

續表

人力資源部	C-01	人力資源部經理	1
	C-02	薪酬專員	1
	C-03	招聘專員	1
	C-04	培訓專員	1
	合計人數：4 人		
產品部	D-01	產品部經理	1
	D-02	行銷策劃	1
	D-03	公共關係	2
	D-04	產品助理	1
	合計人數：5 人		
銷售一部	E1-01	銷售一部經理	1
	E1-02	銷售組長	3
	E1-03	銷售代表	12
	E1-04	銷售助理	3
	合計人數：19 人		
銷售二部	E2-01	銷售二部經理	1
	E2-02	銷售組長	2
	E2-03	銷售代表	8
	E2-04	銷售助理	2
	合計人數：13 人		
開發一部	F1-01	開發-部經理	1
	F1-02	開發組長	3
	F1-03	開發工程師	12
	F1-04	技術助理	3
	合計人數：19 人		
開發二部	F2-01	開發二部經理	1
	F2-02	開發組長	3
	F2-03	開發工程師	12
	F2-04	技術助理	3
	合計人數：19 人		

三、人員招聘計劃

(一)招聘需求

根據 2023 年職務設置與人員配置計劃,企業人員總人數應為 96 人,而到目前為止只有 83 人,還需要補充 13 人,具體職務和人數包括開發組長 2 名、開發工程師 7 名、銷售代表 4 名。

(二)招聘方式

1. 社會招聘銷售代表。

2. 學校招聘開發工程師。

3. 社會招聘和學校招聘相結合招聘開發組長。

(三)招聘策略

1. 社會招聘主要通過參加人才交流會或網上招聘兩種形式。

2. 學校招聘主要通過應屆畢業生洽談會,準備在 2023 年第一季開展在學校舉辦招聘講座、發佈招聘廣告、網上招聘等形式。

(四)招聘人事政策

各類人員招聘人事政策如表 1-5-4 所示。

(五)風險預測

1. 由於今年本市應屆畢業生就業政策有所變動,可能會增加本科生招聘難度,但由於企業待遇較高並且屬於高新技術企業,可以基本回避風險。另外,由於優秀的本科生考研的比例很大,所以在招聘時,應儲備候選人員。

2. 由於電腦專業研究生願意留在本市的較少,所以研究生招聘將非常困難,這可以通過社會招聘來填補「開發組長」空缺。

表 1-5-4　各類人員招聘人事政策

人員學歷類別	待遇	試用期	工作合約	其他
本科生	轉正後待遇 20000 元，其中：基本薪資 15000 元、住房補助 1000 元、社會保障金 3000 元左右(養老保險、失業保險和醫療保險等)；試用期基本薪資 10000 元，工作滿半月後有住房補助	3 個月	簽訂一年工作合約	考取碩士研究生後本錄用合約自動解除
碩士研究生	轉正後待遇 50000 元，其中：基本薪資 45000 元、住房補助 2000 元、社會保險金 3000 元左右(養老保險、失業保險和醫療保險等)；試用期基本薪資 40000 元，工作滿半月後有住房補助；成為骨幹員工後，可享有企業股份	3 個月	簽訂不定期工作合約，員工來去自由	考取博士研究生後本錄用合約自動解除；企業資助員工攻讀在職博士

四、人事政策調整

(一)薪資福利政策調整

經總經理提議，董事會批准，2023 年 1 月起增加員工工齡津貼，為企業連續服務每滿一年的每月增加 200 元工齡津貼。2023 年起能完成半年度生產、銷售和利潤目標的，企業將組織員工春遊、秋遊各一次，費用為每人 200～500 元，具體費用視完成利潤情況決定。

(二)招聘政策調整

2023 年起，內部員工推薦中高級人才，經企業考核錄用為正式員工的，每成功一名，獎勵推薦員工 500 元。招聘信息張榜公佈，希望全體員工積極參與。

2022 年選擇開發人員實行了面試和筆試相結合的考察辦法，取得了較理想的結果。2023 年首先要完善非開發人員的選擇程序，加強非智力因素的考查。另外在招聘集中期，可以採用「合議制面試」，即總經理、主管副總經理、部門經理共同參與面試，以提高面試效率。

(三)考核政策調整

廢除企業原有的考核成績居末位員工提前終止工作關係的條例，調整為考核不合格則提前終止工作關係的新條例，目的是使考核更能夠反映員工實際工作表現。

建立部門經理對下屬員工做書面評價的制度，每季一次，讓員工及時瞭解上級對自己的評價，發揚優點，克服缺點。建立考核溝通制度，由直接上級在每月考核結束時進行溝通。

2023 年加強對考核組人員的專業培訓，減少考核誤差，提高考核的可靠性和有效性。在開發部試行「標準量度平均分佈考核方法」，使開發人員更加明確自己在開發團隊中的位置。

(四)員工培訓政策調整

2023 年起新進員工的上崗培訓，除了制度培訓外，增加崗位操作技能培訓和安全培訓，並實行筆試考試，考試合格方可上崗。

2023 年起管理培訓由人力資源與專職管理人員合作開展，不聘請外部的專業培訓人員。該培訓分管理層和員工兩個部份，重點對現有的管理模式、管理思路進行培訓。

2023 年起為了激勵員工在業餘時間參加專業學習培訓，經企業審核批准，凡願意與企業簽訂一定服務年限合約的，企業予以報銷部份或全部培訓學費。

五、人力資源管理的費用預算

(一)招聘費用預算

1. 招聘講座費用計劃對本科生和研究生各進行四次講座，共八次。每次費用 300 元，共計 2400 元。

2. 交流會費用參加交流會四次，每次平均 2000 元，共計 8000 元。

3. 宣傳材料費 2000 元。

4. 報紙廣告費 6000 元。

(二)培訓費用

2022 年實際培訓費用 35000 元，按 20%遞增，預計 2023 年培訓費用約為 42000 元。

(三)員工薪資預算

按企業增資每年 5%計算和增加員工 13 人計算，全年薪資支出預算為 288 萬元。

(四)員工福利預算

增加春遊和秋遊費用 40000 元(由行政部預算並組織)，為員工繳納各種保險費預算為 1080000 元。

第 *2* 章

人力資源部的組織結構

第一節 人力資源部的職責

招聘、選拔、配置、培訓、開發、激勵、考核所需的各類人才，制定並實施各項薪酬福利政策及員工職業生涯計劃，調動員工的積極性，激發員工的潛能，滿足企業持續發展，是企業對人力資源部的需求。

人力資源部的主要職責是：

⑴制定人力資源戰略規劃，為重大人事決策提供建議和信息支援。

⑵組織制定、執行、監督公司人事管理制度。

⑶做好相應的職位說明書，並根據公司職位調整需要進行相應的變更，保證職位說明書與實際相符。

⑷根據部門人員需求情況，提出內部人員調配方案(包括人員內部調入和調出)，經上級審批後實施，促進人員的優化配置。

⑸與員工進行積極溝通。

⑹制訂招聘計劃、招聘程序，進行初步的面試與篩選，做好各部門間的協調工作等。

⑺根據公司對績效管理的要求，制定評價政策，組織實施績效管理，並對各部門績效評價過程進行監督控制，及時解決其中出現的問題，使績效評價體系能夠落到實處，並不斷完善績效管理體系。

⑻制定薪酬政策和晉升政策，組織提薪評審和晉升評審，制定公司福利政策，辦理社會保障福利。

⑼組織員工崗前培訓、協助辦理培訓進修手續。

⑽做好各種職位人員發展體系的建立，做好人員發展的日常管理工作。

人力資源部的職能主要是企業人力資源戰略與人力資源計劃、工作分析、人員招聘與配置、員工職業生涯發展與組織發展、溝通、績效評估、激勵與薪酬福利、員工培訓，具體如下表所示。

表 2-1-1　人力資源部門的職責

序號	職責	具體事項
1	人力資源規劃	企業戰略發展目標以及人力資源需求分析 人力資源盤點(人員結構分析調查、人員的素質調查) 人力資源供應預測 人力資源規劃策略的制訂、審查、核准、實施、監督、修訂 各項人力資源管理辦法規定的擬訂、修訂、執行、監督
2	績效管理	績效管理制度的制訂、修訂、審核、公告、試行、評估、改善 制定各部門績效考核指標體系，編制各部門員工績效考核表(月考核表、年度考核表、晉升考核表等) 員工績效考核事項的辦理 績效考核體系評估(員工滿意度調查、分析，績效考核獎懲方式信息收集、統計、匯總、分析，績效考核總結報告審核，績效方式改進措施的提出，績效方式改進措施的實施)

序號	職責	具體事項
3	招聘與選拔	(1)年度人員招聘計劃制訂，各單位人力需求信息的收集、整理、匯總 (2)年度人員招聘預算的擬訂、審查、核准 (3)年度人員招聘計劃實施(各單位人員增補單之受理，招聘信息製作、審查、發佈，應聘資料收集、過濾、選定，應聘資料送交用人單位過濾、選定，應聘資料保管) (4)人員面試工作 (5)人員錄取核決 (6)新進人員報到手續辦理
4	培訓管理	培訓計劃制訂、實施，培訓工作的匯總、評估
5	薪資福利管理	(1)薪資體系的建立 (2)年度薪酬管理 (3)調薪工作的承辦 (4)人員考勤統計、員工薪資計算 (5)企業福利體系擬訂及其作業管理(收集企業福利有關方面的信息、制訂企業員工的福利保險規劃和年度計劃、制訂公司福利保險費用預算計劃、辦理各項政策性福利保險)
6	勞資關係管理	(1)勞工合約管理 (2)員工入職事項的辦理 (3)離職事項處理 (4)對外勞工關係建立與維護 (5)勞資糾紛處理 (6)人事報表彙編、轉呈和保管 (7)人事異動事項處理

第二節　人力資源部組織結構

　　人力資源部的主要職能包括制定並實施各項管理制度，激發員工的積極性和潛能，滿足企業持續發展對人力資源的需求。

　　人力資源部的具體職能包括員工招聘、面試與錄用、培訓與開發、職業計劃、薪資激勵、績效考核、員工辭職與辭退、工作關係等。

一、人力資源部組織結構圖

　　一般企業的人力資源部組織結構如圖 2-2-1。

圖 2-2-1　一般企業的人力資源部組織結構

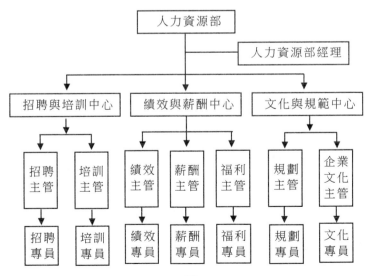

二、小型企業(300人以下)人力資源部的組織架構圖

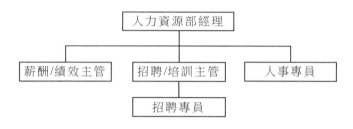

表 2-2-1　職能分配表

職務	配置人數	主要職責
人力資源部經理	1人	人力資源規劃、員工關係處理、人員任用以及總體負責人力資源部工作
薪酬/績效主管	1人	負責薪酬制定、績效考核工作
招聘、培訓主管	1人	負責日常招聘、培訓工作
人事專員	1人	(1)負責日常人事、行政日常活動管理 (2)負責後勤、安全管理
招聘專員	1人	負責日常招聘管理

第三節　人力資源部組織職權

一、人力資源部權力

　　人力資源部的權力包括公司戰略規劃權、員工聘用建議權、員工績效考核權、員工升遷建議權、員工解聘建議權、員工違紀處罰權和工作關係處理權等，其具體權力。

· 參與制定企業人力資源戰略規劃
· 對違反人力資源管理制度的部門和個人進行處罰
· 對企業員工調動、任免給予建議
· 對各部門員工績效實施考核及獎懲
· 各級管理人員任免建議
· 部門內部員工聘任、解聘的建議
· 部門工作協調
· 員工解聘
· 工作爭議調解

二、人力資源主管的任職要求

圖 2-3-1　人力資源主管的下屬構成圖

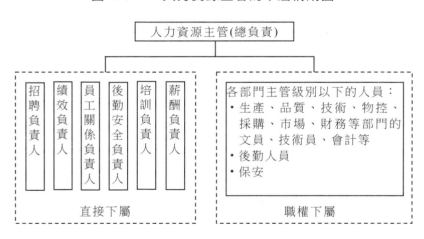

人力資源部主管必須具備一定的任職要求。

1. 知識要求

作為一名人力資源主管要做到知識淵博，應掌握以下知識：

(1)熟練運用基礎工作的知識。這不僅是必要的原則，而且還可以給其他人造成很強的說服力。這樣下屬才會信服你。

(2)具備對他人心理研究的知識。這對管理工作很有利，可以因人施教，從而使工作達到最佳績效。

(3)具備一定的管理知識。因為管理是一門學問，管理是因人而異的，而絕不是單純地生搬硬套公式。

2.品德要求

(1)人格品質

人力資源主管需具備的人格品質，一般包括以下內容：

①誠實守信、平易近人、有親和力。只有具備一定的親和力，才能使你輕鬆地走進對方的世界，從而被對方接受。更重要的是可以跟週圍的人建立起心靈之橋，進而其尊重你、信任你。

②有很強的上進心、有活力，對企業充滿責任感。這樣可以影響並帶動週圍的其他人，從而會使工作效率大大提高。

③處理事情公正公平、不嫉賢妒能、尊重知識、尊重人才。處理事情公平公正，不僅可以使一個團體更加團結、壓制不良風氣的滋生，而且還能夠在工作中樹立自己的威性。

(2)職業道德

人力資源主管還必須具備一定的職業道德。其具體要求如下：

①責任心。認真做好工作中的每一件事情，對極其細小的事情都應有責任心。

②愛心。愛員工、愛工作，尊重主管。

③業務精益求精。做事情每時每刻都追尋合理化，精通人力資源管理業務。

④知人善任，育人有方，追求人與事結合的最佳點。

⑤樹立誠信為本的為人處世觀。

⑥具有探索、創新、團結、協調、服從、自律、健康等現代意識。

3.能力要求

人力資源主管必備的工作能力的具體要求如下：

⑴寫作能力

寫作是人事工作的基本工作內容之一，政策制度、規章通告等基本都出自於人力資源部，所以寫作是人力資源部職員的基本功。而人力資源主管更應該是一名寫作高手，這樣敍述文字時，才可以簡潔、明確地表達出自己的意思。

⑵組織能力

人力資源工作的重點就是組織協調工作。因此人力資源主管的組織能力應包括以下內容：

①工作的計劃性。不僅要明確做什麼工作，而且還要明確什麼時間進行、先做什麼、後做什麼等。

②處理事情的週密性。要保證人力資源管理活動的成功，就要對問題的各方面進行週全的考慮。

③工作中的協調性。人力資源主管也應該是協調專家和激發大家積極性的高手，因為這樣可以在工作中爭取全面的協助。

⑶審判能力

在日常工作中，人力資源主管應具備從管理者的角度對員工和員工的工作予以審視、判斷的能力。

①對企業週圍的事，從人力資源管理的角度予以審視。

②對企業週圍的事，從人力資源管理的角度予以分析。

③對企業週圍的事，從人力資源管理的角度予以判斷。

⑷應變能力

人力資源主管在遇到突發事件時，需要做到以下幾點：

①不慌張，要從容而鎮定。

②不急不躁，忍耐性強。

③思維敏捷、開闊，迅速想出解決問題的辦法。

④提高對事情的預見性，防患於未然。

(5)交際能力

人力資源主管要對以下幾點做到遊刃有餘：

①熟悉交際的禮儀。

②掌握交際藝術。

③運用交際手段。

(6)領導能力

人力資源主管在領導下屬時，應做到以下幾點：

①任人唯才。

②適度授權。

③批評有方。

④獎罰得體。

第四節 人力資源主管的工作權限

作為一名人力資源主管，只有運用好組織賦予自己的權力，才能有效地履行自己的職責。

1. 建議權

(1)企業經營戰略規劃。

(2)企業內部控制規劃。

(3)企業項目管理。

⑷企業高層人員的調配。

⑸企業重大決策。

2.承辦權

⑴人力資源戰略規劃。

⑵人事制度的審批。

⑶人力資源部門管理。

⑷企業組織分析、崗位分析、工作分析。

⑸企業高層員工的招聘。

⑹勞力糾紛的處理。

3.審核權

⑴企業普通員工招聘。

⑵員工薪酬的確定。

⑶員工福利的確定。

⑷員工培訓的實施。

⑸員工考核的實施。

⑹企業員工活動的實施。

⑺後勤、行政活動的審核。

4.任免權

⑴人力資源部內部人員的任免。

⑵人力資源員工的任免。

5.獎懲權

⑴企業一線員工的獎懲。

⑵人力資源部內部人員的獎懲。

第五節　人力資源主管的彙報對象

人力資源部該向誰彙報工作，這是一項非常嚴謹的工作。不同的企業有不同的形式，其具體形式可以參考以下四種：

1. 一般性企業人力資源主管的彙報對象

其具體彙報對象如圖所示：

圖 2-5-1　一般性企業人力資源主管的彙報對象架構圖

2. 生產型企業人力資源主管的彙報對象

生產型企業中，人力資源部主要工作是協助生產。人力資源主管會向主管生產的主管彙報工作。

圖 1-4　生產型企業人力資源主管的彙報對象架構圖

3.銷售型企業人力資源主管的彙報對象

銷售型企業中，人力資源部主要工作是協助銷售。因此有時人力資源主管會向主管銷售的主管彙報工作。

圖 2-5-2　銷售型企業人力資源主管的彙報對象架構圖

4.集團公司人力資源主管的彙報對象

在一些集團公司，人力資源部的工作被單獨區分開來，既不能參與銷售，也不能問及生產。而這些企業中人力資源主管的彙報對象一般為人力資源總監。

圖 2-5-3　集團公司人力資源主管的彙報對象架構圖

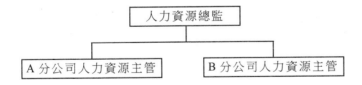

第六節　人力資源部主管的工作目標

1.人力資源規劃與配置

工作事項或指標	目標	起止時間	資源輸入
1.項目完成後人員重新配置	非考核項	5月底～10月底	調入、調出部門主管密切溝通
2.人才梯隊建設	每個項目職位都有後備人員	全年	後備甄選和培訓
3.增加中級職稱以上人員	5人以上	全年	各職稱申報人員準備資料
4.人員配置及時滿足率	合格率不低於95%	根據各部門、項目部用人需求	面試試題和轉正考核試題及時錄入
5.解決2022年所表現出的人力資源配置不均衡問題	非考核項	第一季完成	目標部門和分管的主管

2.員工培訓

工作事項或指標	目標	起止時間	資源輸入
1.制訂2023年培訓計劃	滿意度大於80%	12月底前完成	全體員工
2.大力推行師徒制	配備率達到100%	全年	指定新員工與師傅配合
3.收集或開發培訓(內外部)教材	五大專業至少各一套	每次培訓後	講師、外訓人員
4.公司自編SOP培訓	培訓率達到100%	全年	SOP編寫人員和組織試行人員
5.辦好公司中高層管理培訓班	按既定方案推進	按既定方案推進	資金到位、參加人員儘量準時參加

3. 薪酬福利管理

工作事項或指標	目標	起止時間	資源輸入
1. 年住房公積金繳費基數申報	非考核項	6 月 30 前完成	全體員工及時簽字
2. 建立項目管理人員工資台賬，對各項目部工資成本進行監控管理	準確率 100%	每月底	企劃部的政策解釋和項目成本數據的合規性
3. 確定分公司管理人員工資責任指標，對其工資成本進行監控管理	準確率 100%	每月底	企劃部的政策解釋和分公司成本數據的合規性
4. 確定部門管理人員工資責任指標，對其工資成本進行監控管理	準確率 100%	每月底	企劃部的政策解釋和成本數據的合規性
5. 配合主責部門完成×××項目考核	數據統計準確	按照主責部門的時間要求	
6. 調整薪酬規則對應表，逐步實現與市場接軌	非考核項	按照方案分批推進	市場數據收集、公司中高層理念灌輸

4. 績效考核工作

工作事項或指標	目標	起止時間	資源輸入
1. 組織 2022 年終員工績效考核	非考核項	1 月 15 日開始	各部門、項目部配合
2. 職能部門員工績效考核的實施	非考核項	每季末完成	各職能部門配合
3. 修訂中高層人員人力資源管理能力考核方案	非考核項	3 月 30 日前完成	
4. 加大合約期滿考核力度	人員更新率大於 5%	年中、年終兩批	各考核和被考核人員

第 *3* 章

人力資源部的工作崗位分析

第一節　工作崗位分析的步驟

一、工作崗位分析的涵義

工作分析(Job Analysis)又稱職務分析，是指分析者採用科學的手段與技術，全面瞭解、獲取與職務有關的詳細資訊，為組織特定的發展戰略、規劃，為人力資源管理以及其他管理行為服務的一種活動。具體來說，是對組織中某個特定職務的工作內容和職務規範(任職資格)的描述和研究過程，即制定職位說明書和職務規範的系統過程。

二、工作崗位分析的步驟

工作崗位分析是系統地收集、評價和組織有關工作信息的過

程,其目的在於瞭解各項工作的性質、內容、方法、程序和責任,
以及該崗位所需技能、經驗和知識等。工作崗位分析是人力資源管
理的最基本工具,如圖 3-1-1 所示。

工作分析步驟如下。

(1)準備階段

建立工作分析小組,明確工作分析的總目標和總任務,明確工
作分析的目的和對象。

(2)計劃階段

選擇信息來源(不同層次提供的信息,存在不同程度的差別;工
作分析人員公正地聽取不同的信息,不要事先存有偏見;用各種職
業信息文件時,要結合實際,不要照搬照抄),選擇收集信息的方法
和系統。

圖 3-1-1 工作崗位分析流程圖

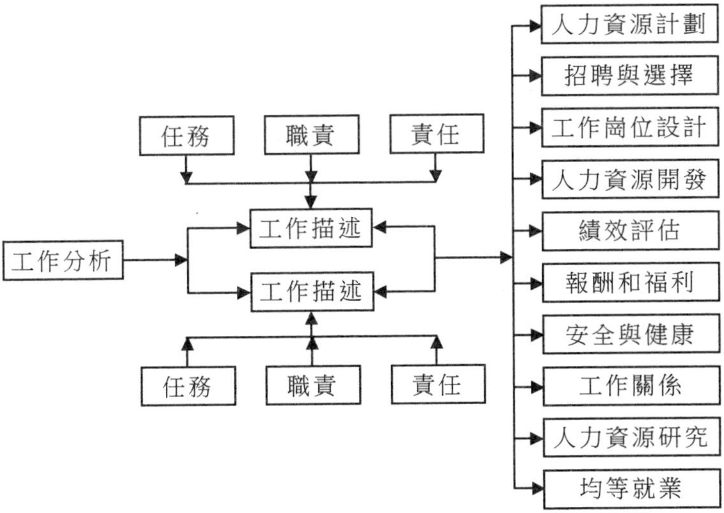

(3)分析階段

收集、分析某個工作有關的信息,包括工作名稱、僱傭人員數目、工作單位、職責(對設備職責、對工作程序職責、對其他人員的工作職責、合作職責和安全職責)、工作知識、智力要求、工作環境、工作人員特性等。

(4)描述階段

文字說明、工作列表、活動分析和決定因素法。

(5)運用階段

培訓工作分析的運用人員,制訂各類具體的應用文件。

(6)運行控制

第二節　工作崗位分析的內容

1.工作職責與任務分析

工作職責與任務分析主要從以下 3 個方面進行。

(1)工作職責與任務的完整性

在進行工作職責與任務分析時,要確保企業的任務落實到每個員工的身上。這個過程需要從企業目標開始分析,將企業目標分解為各分支機構(部門)的工作任務後,再將各分支機構的任務分解為每一個員工需要完成的任務。因此,部門職責和任務與員工個人的職責和任務是整體與部份相對應的關係。

(2)工作職責與任務的合理性

企業內工作職責與任務的分派是根據企業的實際情況予以安排和設計,也可以根據需要靈活變動、調整,但在實際工作中,需要

對職責和任務的合理性進行分析。

(3)工作職責與任務的系統性

在企業的工作職責與任務分析中，還需要分析企業、部門中的各項工作任務是否具備各種與工作流程相關的系統性，職責與任務是否按權限分配、控制與完成。

2.工作投入分析

工作投入分析是指為了完成某一單位的產品所需要的投入。通過工作投入分析，可達到以下目的。

(1)可以得出崗位任職者應該具備的教育學歷水準、專業知識背景、以往工作經驗、所需工作能力、所需道德品性等各方面全面的素質，形成崗位規範。通過制定崗位規範，在企業招募新員工時，就能有效地對應聘者的資格進行篩選，減少招募成本。

(2)可以由崗位需要完成的工作任務確定完成各項任務所應該具備的知識和技能、工作能力、身體素質、品性要求等，從而形成崗位的任職資格。通過對工作投入的分析產生的崗位任職資格，可以用於識別員工的知識、技能、相關能力是否滿足工作崗位的要求，從而作為識別培訓需求的工具，應用於培訓開發方面。同時，崗位任職資格也可用於招募過程中對應聘者的測試設計。根據工作崗位的要求，對不同工作崗位的應聘者設計最有效的測試組合，測試應聘者是否具備相關的知識、技能、工作能力，預測應聘者在入職後的工作表現。

3.工作產出分析

產出就是企業的產品，這種產品可能是有形的物體，如電腦配件或汽車的輪胎，也可能是無形的服務，如信件速遞服務等。工作產出的分析對單位的績效評估是極為重要的，因為如果不能識別某一單位的產品及衡量標準(數量、品質、時間、成本等)，基本上就

不能對單位時間內該單位的投入/產出比進行衡量。

4.工作權限分析

根據工作所需完成的任務，對工作任職者的權限進行分析。根據責權統一的原則，核查任職者是否具備完成工作任務所需的權限。

5.工作關係分析

通過工作關係的分析，可以瞭解工作崗位在企業工作中的位置或在工作流程中所承擔的作用，同時通過工作關係的分析，也能辨認本工作崗位所面對的「內部客戶」。在進行績效評估時可用於確定工作崗位的特定產出，以及在績效評估方式中選用合適的相關崗位來對特定的工作崗位進行績效評定。

6.工作環境條件分析

工作環境條件分析包括工作環境分析和危險性分析，它是指完成工作任務時的特定環境及危險性。工作環境及存在的危險性是不能由工作人員決定的，環境的好壞對工作人員的身心健康、完成工作任務所需的生理條件有一定的要求。環境中危險因素包括在正常情況下，履行工作任務所處的環境條件中可能產生給任職者帶來身心損害的危險和後果。工作環境和危險性在崗位評價中作為補償性因素，可以相應增加崗位的補償價值。在招募工作中，如果工作崗位存在一定的潛在危險或可能造成身心傷害導致職業病，需要在面試過程中向應聘者說明。

第三節　人力資源管理的內容

一套系統、完整的人力資源管理制度有其內容上的約定性，應至少包括以下內容：

(1)人力資源管理部門職責規定

人力資源管理制度必須首先規定人事部門的職責和權限範圍，並以此作為開展企業人力資源管理工作的依據。

(2)員工招聘與錄用制度

員工的招聘與錄用是企業吸收人才的重要環節，員工招聘與錄用的品質直接關係到企業人力資源的品質。對此項工作進行制度化管理就是為了保證企業引進人才的品質。

(3)員工薪酬管理制度

薪酬管理是人力資源管理中極為重要的組成部份。制定薪酬管理制度應保證其公平性、透明性和合理性。員工薪酬關係到每位員工的切身利益，必須通過嚴格的制度進行管理。

(4)員工教育培訓制度

現代企業非常重視員工教育培訓與開發。完整的教育培訓制度是企業做好內部人力資源開發的重要保障.員工教育培訓與開發既是企業發展的需要，也是員工職業發展的需要。因此，這項制度體現了企業與個人的雙重需求。

(5)員工績效考核制度

企業中的所有工作都是以最大限度地提高工作績效為基本目的。工作績效的考核是對員工工作結果的評價，它與員工的薪酬、

獎勵、晉升、調整,以及降職、辭退等有直接關係,這些工作的實施大都是以工作績效的考核結果為評價標準。因此,所謂公平管理,在很大程度上就是取決於工作績效考核的公平性。

⑹人事異動管理制度

也叫人事調整。大凡涉及企業內部人員的升、降、調、辭、退等項工作,均屬於人事異動的管理範圍.制定人事異動管理制度的目的就是使這些人事調整能夠按照規範化程序運行。

⑺工作合約與人力資源管理制度

現代企業中,勞工關係是以工作合約的法律形式出現的,勞工關係法律化使雙方利益都得到保護,一旦出現人事勞工糾紛,必須按法律程序解決。對於人力資源管理中出現的緊張關係必須予以重視,加以檢討,並通過細緻的事前工作來防範,以創造一種良好的企業環境。

⑻人力資源管理的日常工作制度

制定此制度是為了加強人力資源管理部門自身工作的科學性和規範化。包括人事檔案管理制度和人事統計及報表管理。

第四節　（案例）科技公司的工作崗位分析

　　H公司是一家以電池及電動車的研發、生產、銷售為主要業務的科技公司。公司採用事業部制的管理模式，下設電池、電動車兩個事業部，並擁有一家電池連鎖經營的子公司和一家銷售分公司。

　　短短18個月，公司內部先後有四五位業務骨幹提出辭職，主要原因集中在崗位職責不清、工作缺乏挑戰性等方面。另一方面，公司現有員工基本由集團公司人力資源部調配形成，公司目前的組織結構如圖所示。

一、公司組織部門職能優化設計

1. 考慮重點

　⑴對企業職能進行分析、重新劃分和歸類。

　⑵根據職能分析，重新設計部門和經營單位。

　⑶依據公司戰略定位並根據電動車的產品特徵及市場環境，建議電動車事業部實行產品研發、採購、生產、銷售等自主管理，採用利潤中心管理模式。

　⑷依據公司戰略定位並根據電池的產品特徵及市場環境，建議電池事業部實行生產自主管理，採用成本中心管理模式。

　⑸突出總裁辦的協調功能，分離人力資源管理、行政管理職能。

　⑹由於是一家高技術公司，人力資本佔有重要地位，人力資源管理是公司的核心職能，應單獨設立人力資源部。

　⑺將公司戰略規劃等戰略職能與項目運作、投資職能合併，設

立戰略投資部。

圖 3-4-1　原有公司的組織結構圖

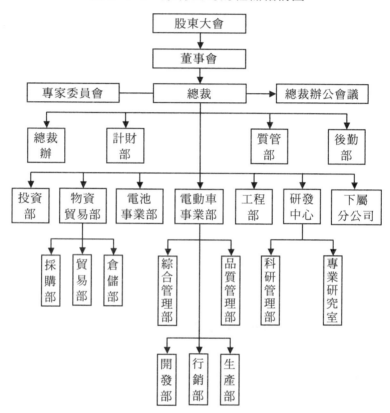

　　(8)設立策劃部，負責品牌管理、策劃與推廣，公司企業文化建設職能。

　　(9)建立完善的職權系統，對人事、財務、採購、銷售、費用開支等方面進行明確的職權劃分。如在人事、財務方面實行由公司集中管理。

2.組織框架設計

　　組織機構圖設計說明：

(1)對於關鍵職能和服務性職能設立職能管理部門。

圖 3-4-2　優化後的組織結構圖

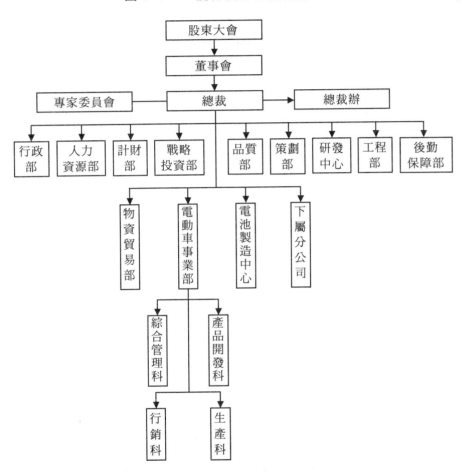

(2)公司以電池產品為主導產品，宜採用集權管理模式，不宜採用事業部這種分權管理模式，因此考慮實行成本中心管理模式，設立電池製造中心。

(3)電動車目前不是公司的主導產品，其市場環境不確定性高、

變化快，同時電動車與公司主導產品電池的市場具有很大不同的市場特徵，為增加其靈活性，快速回應市場，故考慮實行事業部制管理模式。

⑷鑑於目前公司戰略管理職能沒有歸口部門，同時投資與公司戰略密切相關，因此設立戰略投資部。

⑸為強化公司橫向協調職能，將總裁辦的人事管理職能、行政管理職能分離，總裁辦作為總裁辦公會議的常設機構，另單獨設立人力資源部和行政部。

優化後的組織結構圖如上圖 3-4-2。

3.各部門定位

⑴總裁辦：總裁的辦事機構，負責橫向協調和督查。

⑵行政部：行政事務管理。

⑶人力資源部：公司人事的集中管理。

⑷財務部：公司經營計劃歸口管理，公司財務的集中管理。

⑸戰略投資部：企業戰略規劃研究、項目管理、運作及資本運營。

⑹品管部：ISO9000 的認證和推行，品質的集中管理。

⑺電動車事業部：電動車的開發、採購、生產和銷售，實行利潤中心管理模式。

⑻物資貿易部：物流中心，同時兼做貿易。

⑼電池製造中心：生產中心，實行成本中心的管理模式。

⑽研發中心：新產品研發、企業技術標準制定，實行費用中心的管理模式。

⑾工程部：基建、房產工程建設。

⑿後勤保障部：提供辦公、食宿、環境等方面的後勤保障。

⒀下屬分公司：公司電池、其他電池銷售(目標客戶：國外、國

內生產廠家），電池組裝生產；實行利潤中心管理模式。

二、工作職能分析設計

公司職能劃分有不盡合理之處，有些公司的核心職能附加到其他部門，不利於發揮其作用；有些公司核心職能沒有歸口部門；有些職能在某個方面具有特殊性，應進行適當分離或集中。具體表現在以下幾方面：

⑴人力資源管理由總裁辦負責，這種形式將弱化人力資源管理職能。

⑵公司戰略規劃應有歸口部門負責。

⑶品質控制應由質管部統一管理。

⑷原材料採購具有經濟範圍，採用集中採購和管理比較適宜。

⑸由於公司生產單位不多，設備管理與維護不必由職能部門負責，可由生產單位自行負責。

⑹辦公用品、日常生產用品具有量小和採購頻繁的特徵，可由後勤部負責。

⑷費用開支權限劃分比較明確。

三、工作崗位分析——品管部部長為例

優化組織結構與部門職能後，分析各部門職責，形成了不同的工作崗位。品管崗位是負責品管事故的預防和品管動態的監控的關鍵崗位，在此以品管部為例進行崗位層次的工作分析的介紹。

1. 原崗位工作分析的診斷

⑴彙報關係：直接上級——副總經理；直接下級——技術員、

質監員。

存在的問題：該崗位人員在實際工作中主要向主管產品品質兩位副總經理彙報，經常出現多頭指揮的現象。

⑵工作職責

①全面負責本部門工作，建立健全本部門各項管理制度。

②制訂本公司的品管培訓計劃並協助企管部實施。

③負責實施品管管理日常的檢查、督促。

④參與新產品的試製工作，對新產品的定型進行品質評價並提出結論性意見。

⑤負責組織人員對供方品質評價與認定。

⑥負責指導、管理、監督下屬人員的業務工作，改善工作品質和服務態度，做好下屬人員的績效考核和獎勵懲罰。

⑦負責與公司各部門的工作協調。

存在的問題：履行職責的層次遠低於企業的實際需要。具體表現為對品管體系建立、推動和維護方面職能發揮不足，只起到了一定的宣傳作用；同時，對品管的日常檢查、督促方面有時候不夠嚴謹，對下屬的評價以及獎罰方面有時候做得不夠客觀公正。

2. 調整後的崗位工作說明書

在原有崗位的工作分析和診斷的基礎上，進行工作描述，編寫工作規範，形成崗位說明書，如表 3-4-1 所示。

表 3-4-1　品管部部長崗位說明書

主題：品管部崗位說明書		部門：品管部	文件編號：
第 2 次修訂		共 3 頁	歸檔號：
崗位名稱	品管部部長		
所屬部門	品管部		
工作關係	直接上級：副總經理		
	直接下級：技術員、質監員		
	主要協作崗位：生產部部長、銷售部部長		
職別	A 級　　B 級　　C 級　　D 級　　E 級　　F 級		
職位待遇	薪資收入	崗位薪資	1200～2460 點
		績效薪資	800～1640 點
		技能素質薪資	無
		年功薪資	三等
		計件薪資	無
		佣金	無
	福利待遇	醫療保險	有
		養老保險	有
		失業保險	有
		工傷保險	有
		交通費	300 點
		工作餐	免費中餐
	職位消費	通訊費限額報銷，帶薪休假一週	
	培訓機會	公司內部培訓、送外培訓、參加外部研討會	
職務晉升通道	副總經理		
崗位重要程度	很重要　　重要　　較重要　　一般		

續表

工作責任壓力	很大　　大　　較大　　一般	
工作職責	工作概述	工作內容
	制度建設	根據行業法規和有關規定，制訂公司內的各種技術、品管管理制度
	品管體系推行	1. 不斷健全公司品管監督保證體系 2. 協助有關部門對員工的專業知識及法律法規的培訓 3. 負責在公司內開展全員品管管理活動，提升員工品質意識 4. 負責組織技術品質分析會，對不合格品及品質異常進行分析，提出改進方法 5. 負責對生產工廠品管方面的考核 6. 負責處理客戶品管投訴，組織客戶滿意度調查 7. 組織對供應商進行評定
	全程品質監控	1. 負責對原輔材料、包裝材料、中間體、成品的檢查結果進行審核 2. 對生產過程進行抽查 3. 對生產原始記錄進行抽查 4. 定期向總經理提交品管分析報告 5. 對品管事故進行及時的分析、處理和追查，儘量降低損失
	對外技術聯繫	1. 負責各類對外技術報告、技經報表、活動計劃報告的審核 2. 負責和上級產品監督管理部門的聯繫工作
	人員管理	1. 負責對品管部人員的工作進行安排和檢查 2. 負責對下屬進行專業指導 3. 負責對下屬進行客觀公正的考核並及時提供績效回饋
	其他任務	按上級的要求處理

續表

	學歷最低要求	初中　中專　大專　本科　研究生
	最適合專業	醫藥　管理　理工科　文科　不限
	經驗	從事中醫藥行業研發或品質管理 3 年以上經驗
任職基本條件	性別	男性較佳　女性較佳　不限
	健康狀況	好　良好　一般
	年齡	28 歲以上
	其他要求	無
任職知識要求	專業知識	化學知識，電子、電路知識等
	相關知識	一般品管管理知識
任職素質要求	忠誠度	為人誠實、可靠，能付之以重任；以公司的利益至上為行為準則，忠實於崗位職責的要求
	責任心	積極主動承擔工作任務，並能盡心盡責完成，對工作品質力求完美，勇於承擔責任和壓力
任職能力要求	決策能力	A　　B　　C　　D　　E
	創新能力	A　　B　　C　　D　　E
	計劃能力	A　　B　　C　　D　　E
	信息處理能力	A　　B　　C　　D　　E
	學習能力	A　　B　　C　　D　　E
	組織能力	A　　B　　C　　D　　E
	協調能力	A　　B　　C　　D　　E
	合作能力	A　　B　　C　　D　　E
	寫作能力	A　　B　　C　　D　　E
	語言能力	A　　B　　C　　D　　E
	時間管理能力	A　　B　　C　　D　　E
	動作協調能力	A　　B　　C　　D　　E
	技術技能	電腦應用

第4章

人力資源部的工作崗位說明書

第一節 工作崗位說明書的編制

職位說明書(Job Specifications)是由工作說明和工作規範兩部份組成。工作說明是對有關工作職責、工作內容、工作條件以及工作環境等工作自身特性等方面所進行的書面描述。而工作規範則描述了工作對人的知識、能力、品格、教育背景和工作經歷等方面的要求。

一、工作崗位職位說明書的用途

職位說明書一般由人力資源部統一製作、歸檔並管理。然而，職位說明書的內容並不是一成不變的。實際工作中，組織內經常出現職位增加或撤銷的情況，更普遍的情形是某項工作的職責和內容出現變動。每一次工作資訊的變化都應及時記錄在案，並迅速調整

職位說明書。在這種情況下，一般由職位所在部門負責人向人力資源部提出申請，並填寫標準的職位說明書修改表，由人力資源部據此對職位說明書做出相應的修改。

　　職位說明書在企業管理中的作用十分重要，不但可以幫助任職人員瞭解其工作，明確其責任範圍，還為管理者的決策提供參考。

二、工作說明書編制內容

　　工作說明書是對工作有關信息的陳述性文件。通常而言，工作說明書包括工作標識、工作概要、職責與任務、工作聯繫、績效標準、工作條件、工作規範這幾項內容。

　　以下是工作說明書中的各組成部份所包含的內容。

(1)工作標識

工作標識包含的主要內容如下。

　　①通常工作標識可能包含了幾類信息：「工作名稱」表明工作崗位在所屬單位的名稱，通過給崗位確定簡明的工作名稱，易於讓初次接觸此工作崗位的人員能大概明瞭該工作崗位的工作內容，如「電腦製作員」表明該崗位是在公司從事文字排版、錄入方面的工作；「所屬部門」表明崗位所屬的職能部門；「崗位得分」和「崗位級別」可用於薪酬管理中薪資等級的標識；「文件編號」、「版本」、「頁號」是為了方便查閱一份工作說明書在一個組織系統中的位置；「擬制」、「審核」、「分析日期」表明工作說明書是何時、由誰初步擬定的，可以確定由工作分析到信息回顧的時間，以便於在查閱工作說明書時清楚地知道工作說明書是何時制定的、是否過時、是否需要另行修訂等；另外在標識中可能還包括「崗位的直接上級」等方面的信息。

②工作標識的確定與組織環境有關，在不同的組織範圍內，同一工作標識下的工作任務種類和要求可能有較大的差別。如一個公司的人力資源部「行政助理」可能僅僅是總經理的秘書，而另一個公司人力資源部「行政助理」可能是實際處理行政工作的人，甚至有些公司的「行政助理」可能只是一般的行政人員，只是為了方便其開展工作而提供的一個職位名稱而已。

(2)工作概要

工作概要是對工作總體職責、性質的簡單描述，因而可只用簡單的語句勾畫出工作的主要職責，不必細分工作職責的任務和活動。在進行部門工作核查、分配任務時，這種簡要描述尤為有用。同時，通過對工作概要的描述，新上崗的員工能對崗位主要職責有清楚的瞭解，在招募過程中也能用此信息向應聘者展示工作的概況，而且在發佈的招募信息中，一般僅給出所招募崗位的主要職責。

(3)工作職責與任務

工作職責與任務部份列明瞭任職者所從事的工作和在組織中承擔的職責、所需要完成的活動或工作內容，在必要的情況下可以列明某些活動的要求。在對職責和任務進行描述時，需要注意以下幾點。

①以動詞開頭，例如「電腦排版員」。在動詞前面，可以認為隱含了「本項工作負責」一詞，需要時，也可以「負責」開始。

②在動詞後使用簡明的短語，說明動詞處理的對象，如「保管公司印章」。在描述中，儘量避免使用形容詞，如「最好的」等，因為如果在工作說明書使用形容詞，幾乎每一項任務都可以用形容詞堆砌而成，從而可能使需要承擔的工作處於不重要的地位。

③在職責和任務項目的排序中，按工作崗位的職能任務完成順序或職責、任務的重要性進行排序，或按職責、任務的時間順序排

列，確保工作描述更為系統化。

④在各項職責後，可要求註明該項工作在整體工作中所佔的時間百分比和相對重要性，用以衡量、分析工作中的時間分配與職責的重要性。

⑤如果可能，需要註明工作任務應完成的時間、應達到的工作結果，以便於任職者對工作要求的結果有清楚的認識，有利於對工作進行檢查。對工作結果的要求可以從數量要求、品質要求、時間要求、成本要求等幾個方面進行衡量。

⑥選用專業化的辭彙表達，例如工作的種類、複雜程度、技能要求程度、任職者對工作和各方面所負的責任大小。通常情況下，較低職位的工作任務較為簡單，易於確定其工作任務及工作的操作流程的細節；變化不大而相對高級的職位則包含更多的不確定性，只能確定工作的大概範圍或框架，具體的工作要求需要在具體的環境中確定。

(4)工作關係

工作關係表明該崗位的任職者與組織內外崗位因工作關係所發生的聯繫。工作聯繫的信息一方面描述任職者必須面對的各種工作關係，另一方面列舉工作聯繫頻繁的程度、接觸的目的和重要性。如在公司內外必須接觸的人、公司或組織，包括用何種方式溝通（如電話、個人接觸、電子郵件）。

(5)工作的績效標準

根據工作職責、任務和內容的要求，在工作說明書中還可列明對每項職責、任務的績效要求。對於生產、操作類崗位和銷售類崗位，可能較容易確定產出的標準；對於其他各類崗位，可能不易直接得出工作的績效標準。如文員工作中，「負責文件的列印、排版工作」的績效標準不容易確定，需要結合實際情況，按任職者的操作

標準來衡量。對工作說明書中各項職責、任務的績效界定能形成具體工作崗位的業績標準，基於工作崗位職責的客觀性，具體業績考核體系比基於對任職者工作態度的主觀、抽象評估體系更為有效。

(6)工作環境

工作說明書中可能還包括崗位所在的工作環境條件，如室內還是室外、工作環境中是否存在危險和對任職者身體健康有害的因素（如風險、高濕、高溫、粉塵、噪音、施工現場的危險因素等）。工作環境條件的信息表明工作崗位對任職者的身體、生理要求，工作環境中的危險性因素則考慮在完成工作的過程中，工作環境或工作特定的要求對任職者的身體、心理健康帶來的危害，在工作評價中作為一項補償性的因素考慮。

(7)崗位規範

一般情況下，崗位規範作為工作分析的結果與工作說明書放在一起，用於招募、選拔和培訓等人力資源管理活動。崗位規範是對工作說明書的補充，它需要說明為完成工作說明書中所列明的工作任務，任職者應該具備何種知識、技能、能力、工作經驗、身體條件、心理素質。在制定崗位規範時，可以針對工作說明書中的每一項職責，問「為了完成這項工作，需要任職者具備那些知識、技能、能力，需要具備何種工作經驗或何種認可的資格證書，需要具備何種身體條件、心理素質？」，通過對每一項工作職責、任務的回答進行綜合、整理，可以得出崗位規範的總體內容。

表 4-1-1　設備採購管理員的工作職責

職別：設備採購管理員

序號	工作職責
1	根據公司各部門的要求，需要增加、更換設備時，按照公司實際能力，判斷需外部採購或內部加工製作
2	根據外部採購需要，收集內部（需要）、外部資料（供應商與設備情況），進行採購設備的立項
3	採購設備時，跟蹤供應商報價，提供資料，負責生產設備的推薦，協助組織設備認證會，為上級決策提供幫助
4	設備採購後，監督供應商對設備進行安裝和改進，根據認證結果，提交設備完好認證報告，並根據技術或設備情況制定操作規程，交付使用者使用
5	設備發生故障時，安排內部人員對設備進行維修或請供應商及其他人員維修設備，並跟蹤結果
6	為設備提供保養、定期檢修計劃；跟蹤設備使用情況，直至設備報廢
7	如需採購特殊設備，須向有關部門進行特殊設備的報裝
8	根據公司內部用戶的電話修理申請單，修理公司內部電話；辦理外部電話報裝手續及跟蹤
9	根據需要，向供應商下達部份設備配件的零星採購，驗收並辦理相關的財務手續
10	向社會部門檢驗所申報特殊設備的定期檢測

第二節　工作說明書編制步驟

工作說明書是對工作進行分析而形成的書面資料，它的形成步驟如下。

(1)獲取工作信息

包括分析組織現有資料、實施工作調查。

①分析組織現有的資料。流覽企業組織已有的各種管理制度文件，並和企業組織的主要管理人員進行交談；對組織中開發、生產、維修、會計、銷售、管理等職位的主要任務、主要職責及工作流程有個大致的瞭解。

②實施工作調查。充分合理地運用工作分析方法，如觀察法、面談法、關鍵事件法、工作日註法等，開展工作分析，盡可能地全面獲得該工作的詳細信息，這些信息包括工作性質、難易程度、責任輕重、所需資格等方面。

(2)綜合處理工作信息

這一階段的工作較為複雜，需要投入大量的時間對材料進行分析和研究，必要時還需要用到諸如電腦、統計分析等分析工具和手段。

①對根據文件查閱、現場觀察、訪談及關鍵事件分析得到的信息，進行分類整理，得到每一職位所需要的各種信息。

②針對某一職位，根據工作分析所要搜集的信息要求，逐條列出這一工作的相關內容，即為初步的工作說明書。

③工作分析者在遇到問題時，還需隨時與企業的管理人員和某

一職位的工作人員進行溝通。

(3)撰寫工作說明書

撰寫工作說明書的過程和要求如下。

①召集整個工作分析中所涉及的人員，並給每位分發一份說明書初稿，討論根據以上步驟所制定的工作說明書是否完整、準確，討論要求仔細、認真，甚至每個詞語都要認真斟酌，工作分析專家應認真記下大家的意見。

②根據討論的結果，最後確定出一份詳細的、準確的工作說明書。

③最終形成的工作說明書應清晰、具體、簡短扼要。

第三節　工作職務說明書指導範本

(一) 工作說明書填寫程序

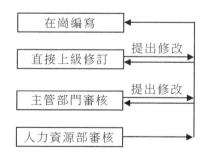

(二) 填寫規範

1. 字體統一，用宋體五號字，不要加粗。如果從其他地方粘貼來的，注意格式改正。

2.標號要用 1、2、3 的序號及⑴、⑵、⑶，不要用項目符號及A、B、C。

（三）填寫注意事項

1.該職務說明書應當在有關部門主管的指導下，由崗位人員填寫，並由部門審核。

2.請完整填寫表格內容，除特別說明可不填外，不要漏填。

3.「職務名稱」要統一，不要省略。

4.「別名」一欄，如該崗位無別名，則標明「無」。

5.「部門編號」由公司人力資源部統一編號填寫。

6.「所轄人員」請同時填寫數量及名稱。

7.「薪資等級與薪資水準」的填寫依據現在的薪資狀況。

8.「分析人」應當是本崗位人員。

9.「批准人」應當是本部門主管，主管擔負審核該職務說明書的責任。

10.「工作職責與具體內容」一欄的填寫要求如下。

⑴按照範本填寫，把職責歸類下分具體內容。

⑵職責與內容要相符。

⑶就每項職責估計出大概時間比例填寫。

⑷請填寫具體、詳細，不要出現「完成本職工作」等含糊不清的詞語。

11.「任職資格」欄，是工作崗位對人員知識、技能、素質的要求及對工具、環境的要求，請客觀填寫，避免出現任職資格、學歷及經歷要求不符合實際或僅依據本人現有情況確定的情況。

12.「有密切關係的其他崗位和人員」一欄，要填寫部門名稱及有關崗位名稱。

13.「所需記錄文檔及傳送部門、人員」，請詳細填寫文檔名稱及

相應部門。

14.「工作完成結果及建議考核標準」是兩項內容，要分開填寫；工作應當達到何種效果，按職責分類填寫；「建議考核標準」則應當填寫比較具體化的指標，以定量為主，定量與定性相結合。

第四節　人力資源部的職位說明書

1. 人力資源部部長

單位：	職位名稱：人力資源部部長		編制日期：
部門：人力資源部	任職人：		任職人簽字：
	直接主管：人力資源總監		直接主管簽字：
	直接下屬：＿＿＿人		間接下屬：＿＿＿人
職位編號：	說明書編號：		批准日期：
職位概要： 　　對公司人力資源管理工作進行協調、指導、監督和管理。負責公司的人力資源規劃、員工的招聘選拔、培訓、績效考核、薪資管理、員工的激勵和開發等工作及相關制度的制訂，保證公司人力資源供給和員工的工作高效率			
任職條件	學歷/專業		大學本科以上，人力資源等相關管理專業
	必備知識	專業知識	人力資源管理知識、法律知識、行政管理知識、企業管理知識
		外語要求	英文四級以上
		電腦要求	具備基本的網路知識、辦公軟體知識
	工作經驗		五年以上人力資源管理經驗，有大型企業或外資企業人力資源部經理經歷者優先

續表

任職條件	業務瞭解範圍	熟悉有關政策法規，全面掌握人力資源管理知識；熟悉國內外行政與人力資源管理體系與職能，全面瞭解國際與國內人力資源管理的新動向	
	能力素質要求	能力項目	能力標準
		識人能力	運用專業方面的知識，能夠分析某類人擅長的工作，並為其提供合適的崗位
		協調能力	能協調好公司各部門的工作，使各個部門處於一個良好的系統中
		溝通能力	能與員工和各部門經理良好地溝通
		團隊能力	良好的合作傾向，對自我的認知能力較強，並充分激發不同員工的特長，有團隊意識
	職位晉升	可直接晉升的職位	人力資源總監
		可相互輪換的職位	其他部門部長
		可晉升至此的職位	薪酬專員、培訓專員、考核專員
		可以降級的職位	薪酬專員、培訓專員、考核專員
工作關係	內部關係	所受監督	在工作計劃、整體績效、特殊任務、重大問題等方面接受執行總裁的指導和監督
		所施監督	對本部門的員工的工作績效實行監督
		合作關係	在招聘、培訓、制訂薪酬、獎懲等方面與公司各部門進行合作與溝通
	外部關係	同專門的培訓機構、諮詢公司合作，進行員工的培訓和企業相關問題的諮詢	

續表

溝通關係	內部		
	總裁	各總監	各職能部門
	各子公司(工廠)		
	外部		
	政府人事部門	人才交流中心	社會保障部門
	培訓機構	咨詢機構	保險公司

責任範圍	彙報責任	直接上報＿＿人	間接上報＿＿人
	督導責任	直接督導＿＿人	間接督導＿＿人
	培育責任	培育下屬	現場指導、提供企業外學習機會
		專業培育	推動本部門進行人力資源領域的培訓,學習人事管理法規
	成本責任	電話/手機	每月費用控制在＿＿＿元之內
		電腦	保證電腦的安全使用
		辦公用品設備	對所使用的辦公用品和設備負有最終成本責任
	保密責任	公司的薪酬登記及人員薪資要嚴格保密	
	獎懲責任	對已批准的獎懲決定執行情況負責	
	預算責任	對人力資源部預算開支的合理支配負責	
	檔案管理責任	對公司人事、勞資檔案的齊全、完整與定期歸檔負責	
	參會責任	參加公司年度總結會、計劃平衡協調會及其有關重要會議;參加季、月總經理辦公會、考核評比等會議;參加臨時緊急會議和執行總裁參加的有關專題會議;參加本部門召開的人事工作會議	

續表

權力項目	主要內容
審核權	對公司編制內招聘有審核權
解釋權	對公司員工手冊、規章制度有解釋權
調檔權	有關人事調動、招聘、勞資方面的調檔權
財務權	對限額資金的使用有批准權
監查權	對人力資源部所屬員工和各項業務工作的管理權和指揮權，對所屬下級的工作有指導、監督、檢查權
提名權	有對直接下級崗位調配的建議權、任用的提名權和獎懲的建議權
考核權	對所屬下級的管理水準和業務水準有考核權
聯絡權	有代表公司與政府相關部門和有關社會團體、機構聯絡的權力

（左側縱列標題：權力範圍）

工作範圍	工作依據	負責程度	建議考核標準
1. 編制規章制度： 編制公司人力資源管理的相關規章制度並實施落實，安排人員將規章制度交企業管理部備案管理	公司相關管理規定和人力資源管理目標	全責	人力資源管理規章制度的執行情況，主管和員工的綜合情況
2. 人力資源規劃： 編制並落實公司人力資源規劃，根據總裁確定的員工總數及薪資總額，有關人員預算目標，實現公司人力資源需要和人工成本的統一控制	公司發展戰略和人力資源管理目標	全責	人力資源規劃中年度的指標實現情況
3. 員工招聘： 依據公司各部門、各子公司(工廠)的需求和任職條件招聘新員工。面試、復試，擇優錄用新員工，辦理新員工進入公司的手續	公司人力資源管理制度和部門人員需求計劃	全責	人力資源規劃中員工素質、數量要求指標實現情況

續表

4. 員工管理： 對公司的員工實施考勤、考核、晉升、調職、獎懲、辭退等全方位的管理	公司人力資源管理制度和公司管理相關規定	全責	滿意度綜合評價
5. 薪酬管理： 引進具有競爭力、公平性的薪酬管理體系，制訂公司的薪酬政策。負責公司員工日常的薪酬福利管理	公司薪酬管理制度	全責	薪酬福利管理效果與員工滿意度
6. 培訓管理： 制訂、實施公司的培訓計劃，並對培訓效果進行評估，從而達到開發人才、提高員工素質、增強公司發展動力的目的	公司培訓管理制度	全責	年度培訓計劃完成情況
7. 職位管理： 編制全公司的職位說明書，並定期進行修改、審核、建檔	公司人力資源管理制度的相關規定	全責	職位說明書的適用性
8. 考核管理： 安排人員定期各部門、各子公司（工廠）按照職位職責和職位說明書實施員工業績考核；配合企業管理部依據年度目標計劃對中層以上幹部實施考核；根據公司的任命程序，實施幹部晉升前考核	公司績效考核管理的相關規定	全責	每年度員工考核的覆蓋情況，和員工對考核的公正性、合理性綜合評價情況
9. 勞工合約管理： 根據政府部門的規定，制訂公司統一的勞工合約文本；安排人員員工辦理合約簽訂及續簽手續；協同法律顧問處理有關勞工爭議	相關勞工合約管理法規和企業管理制度	全責	工作合約管理情況

10.社會保障管理： 根據政府有關部門的規定，建立公司統一的勞工社會保障體系，並制訂相關的政策和規章制度；安排人員按規定為員工辦理各種保險和社會統籌手續；對所產生的糾紛及其他相關問題進行妥善處理	社會保障相關法規和企業管理制度	全責	社會保障工作效果與員工的滿意程度
11.人力資源開發： 好人才的發現、挖掘、儲備的工作；運用員工職業生涯設計等先進的人力資源開發手段，激發廣大員工的積極性；配合企業管理部進行公司企業文化建設活動	人力資源管理目標和企業中長期發展戰略	全責	人力資源開發，和員工的滿意程度綜合評價
12.員工提案建議： 安排部門員工協助收集公司員工有關經營活動全過程的建議和意見。按照公司決定，對有價值的提案給予獎勵	公司相關管理規定	部份	提案建議處理及時性
13.部門內部管理： 負責本部門員工隊伍的建設、選拔、培訓、績效考核，最大限度地激發員工積極性。控制部門辦公費用	本部門管理制度和崗位職責要求	全責	部門員工綜合考核指標

2. 招聘專員

單位：	職位名稱：招聘專員		編制日期：
部門：人力資源部	任職人：		任職人簽字：
	直接主管：人力資源部部長		直接主管簽字：
	直接下屬：＿＿＿人		間接下屬：＿＿＿人
職位編號：	說明書編號：		批准日期：

職位概要：

制訂並執行公司的招聘計劃和招聘制度，安排應聘人員的面試工作

任職條件	學歷/專業	本科以上學歷	
	必備知識	專業知識	人力資源管理、勞工關係管理、行政管理
		外語要求	英文四級以上
		電腦要求	熟練使用辦公軟體、熟練應用網路
	工作經驗	一年以上人力資源管理工作經驗	
	業務瞭解範圍	招聘知識	瞭解招聘、面試的相關技巧和知識
		人力資源管理知識	瞭解人力資源管理中人才招聘流程
		人才市場情況	對行業內人才現狀，有清楚的認識
	能力素質要求	能力項目	能力標準
		語言表達能力	準確、清晰、生動地向應聘人員介紹企業情況，準確、巧妙地解答應聘者的相關問題
		文字表達能力	招聘信息、表格、文件的制訂和書寫
		觀察能力	準確地把握應聘者技能和素質

續表

任職條件	職位晉升	公共能力	較強的公關能力，對行業招聘情況的瞭解
		可直接晉升的職位	人力資源部部長
		可相互輪換的職位	培訓專員、薪酬福利專員、人事專員
		可晉升至此的職位	
		可以降級的職位	
工作關係	內部關係	所受監督	受人力資源總監、人力資源部長的領導和監督
		所施監督	在人才招聘過程中的監督和管理
		合作關係	同公司相關部門就人才需求情況的溝通和協作
	外部關係	人才市場、大學、政府部門等相關機構的聯繫	

溝通關係	內部		
	總經理	各總監	人力資源部
	各職能部門	各子公司	
	外部		
	勞工人事部門	公安局	政府有關部門
	社會保障部門	保險公司	培訓機構
	人才交流中心	咨詢機構	

責任範圍	彙報責任	直接上報＿＿＿人	間接上報＿＿＿人
	督導責任	直接督導＿＿＿人	間接督導＿＿＿人
	成本責任	電話/手機	每月費用控制在＿＿＿元之內
		電腦	保證電腦的安全使用
		辦公用品設備	對所使用的辦公用品和設備負有最終成本責任
	人力資源建設責任	對企業人力資源儲備情況和人力資源的建設負有責任	
	參會責任	有參與公司人才需求會議及本部門各項會議的責任	

續表

權力範圍	權力項目	主要內容
	面試權	參加對應聘人員結構化面試的權力
	財務權	對招聘用的測試軟體、考核資料的購買，具有財務審批權
	建議權	對有特殊才能的應聘人員，有向部門經理建議的權力

工作範圍	工作依據	負責程度	建議考核標準
1. 編製企業人才招聘計劃：根據企業發展情況及各部門人才需求計劃，編製企業人才招聘計劃	企業各崗位的人員變動情況和企業發展要求	全責	人才招聘計劃的確性和有效性
2. 招聘：制訂、完善和執行企業的招聘管理制度，並不斷修正招聘工作流程	公司人力資源管理制度的相關要求	全責	企業招聘制度建設情況和效果
3. 發布信息：招聘信息的起草和發布	公司人力資源管理制度的相關要求	全責	招聘效果和文案協作情況
4. 尋求合作：尋求與人才市場、招聘機構的合作	公司人力資源管理制度的相關要求	全責	合作效果
5. 校園招聘：制訂並執行校園招聘計劃，進行校園招聘	公司人力資源管理制度的相關要求	全責	校園招聘的效的
6. 甄選簡歷：進行簡歷甄別、篩選、聘前測試、初試等相關工作	部門人才需求及部門崗位說明書		度招聘人員的適用程
7. 複試：安排初試合格的人員進行複試，確定合適人才	部門人才需求及部門崗位說明書		協調相關部門復試
8. 人才錄用：人才錄用的相關工作	公司人力資源管理制度的相關要求		保證錄用的人才及時上崗

3.培訓專員

單位：	職位名稱：培訓專員	編制日期：
部門：人力資源部	任職人：	任職人簽字：
	直接主管：人力資源部部長	直接主管簽字：
	直接下屬：＿＿＿人	間接下屬：＿＿＿人
職位編號：	說明書編號：	批准日期：

職位概要：

　　依據公司發展戰略目標，編寫和實施員工培訓計劃，配合部長組織、協調公司各部門、各子公司(工廠)的員工培訓工作；開發員工潛能、提高員工素質、增強公司市場競爭能力，為公司經營、管理提供人力資源的保障和支援

任職條件	學歷/專業		大學專科以上
	必備知識	專業知識	人力資源管理、員工培訓管理、法律和行政管理等
		外語要求	英文四級以上
		電腦要求	熟練使用辦公軟體，熟練應用網路
	工作經驗		三年以上大型企業或外資企業相關職位工作經驗
	業務瞭解範圍		瞭解有關政策法規，熟悉人力資源管理知識，瞭解國內外行政、人力資源管理體系與職能情況，掌握國際、國內人力資源管理的新動向
	能力素質要求	能力項目	能力標準
		說服能力	對培訓課程的內容具備很強的說服力
		影響能力	對員工思想和行為的影響能力
		組織能力	組織企業各種培訓活動的能力

續表

任職條件	職位晉升	可直接晉升的職位	人力資源部部長
		可相互輪換的職位	招聘專員、薪酬福利專員、人事專員
		可晉升至此的職位	
		可以降級的職位	
工作關係	內部關係	所受監督	受人力資源總監、人力資源部長的領導和監督
		所施監督	在人才培訓過程中的監督、管理
		合作關係	同公司相關部門對人才培訓情況的溝通和協作
	外部關係	同學校、研究所、諮詢公司、專業培訓機構等相關機構的聯繫	

溝通關係	內部
	人力資源總監　　人力資源部部長和部內同事
	公司各部門　　各子公司(工廠)
	外部
	政府勞工人事部門　　培訓機構
	人才交流中心

責任範圍	彙報責任	直接上報＿＿人	間接上報＿＿人
	督導責任	直接督導＿＿人	間接督導＿＿人
	成本責任	電話/手機	每月費用控制在＿＿元之內
		電腦	保證電腦的安全使用
		辦公用品設備	對所使用的辦公用品和設備負有最終成本責任

續表

<table>
<tr><td rowspan="3">成本責任</td><td>預算責任</td><td colspan="3">對培訓活動的相關費用具有預算責任</td></tr>
<tr><td>培訓過程管理責任</td><td colspan="3">保證培訓活動的順利進行、培訓設備的完好情況及培訓人員的工作品質</td></tr>
<tr><td>培訓效果責任</td><td colspan="3">對培訓的最終效果負責</td></tr>
<tr><td rowspan="4">權力範圍</td><td>權力項目</td><td colspan="3">主要內容</td></tr>
<tr><td>建議權</td><td colspan="3">對部門人員培訓內容和培訓計劃具有建議權</td></tr>
<tr><td>監督權</td><td colspan="3">對部門內部培訓效果具有監督、檢查的權力</td></tr>
<tr><td>聯絡權</td><td colspan="3">對公司外聘培訓機構和培訓的合作等具有聯絡權</td></tr>
<tr><td colspan="2">工作範圍</td><td>工作依據</td><td>負責程度</td><td>建議考核標準</td></tr>
<tr><td colspan="2">1. 編製員工培訓計劃：
依據公司發展戰略目標，各部門、各子公司（工廠）編製年、季、月員工培訓計劃，匯編公司整體培訓計劃，並根據費用預算編製實施方案，選擇師資來源，上報審批後實施</td><td>公司人力資源管理目標和部門培訓需求計劃</td><td>全責</td><td>年度員工培訓計劃實現情況</td></tr>
<tr><td colspan="2">2. 培訓的實施：
根據審批的培訓實施方案，具體安排公司各項培訓工作，保證培訓工作的順利完成</td><td>公司年度人力資源培訓計劃和相關管理制度</td><td>全責</td><td>年度員工培訓計劃實現率及受訓員工對培訓效果的滿意度</td></tr>
<tr><td colspan="2">3. 培訓效果評估：
在每次培訓結束後的一個月內，對培訓效果做出評估報告；評估報告報部長及行政總監審閱後存檔；總結每次培訓經驗，以便改進、提高公司培訓工作的整體水準</td><td>公司培訓工作管理制度的相關要求</td><td>全責</td><td>部門及受訓員工對培訓效果的滿意度綜合評價情況</td></tr>
</table>

續表

4.員工外部培訓管理：根據各部門、各子公司（工廠）的業務需求，員工進行外部培訓（專業培訓、出國進修等）；與外部培訓單位建立聯繫；為公司員工創造良好的學習機會和條件	公司培訓管理制度的相關要求	全責	部門和受訓員工對外部培訓效果的滿意度及培訓效果

4.薪酬福利專員

單位：	職位名稱：薪酬福利專員		編制日期：	
部門：人力資源部	任職人：		任職人簽字：	
	直接主管：人力資源部部長		直接主管簽字：	
	直接下屬：＿＿＿人		間接下屬：＿＿＿人	
職位編號：	說明書編號：		批准日期：	

職位概要：

　　根據公司的發展規劃，協助人力資源部部長制定相關薪酬福利政策；負責薪酬福利管理、社會保險手續辦理、員工績效考核等工作，為公司的正常運行提供人力資源保證

	學歷/專業		大學專科以上
任職條件	必備知識	專業知識	勞工經濟、人力資源管理、檔案管理和勞工法等相關知識
		外語要求	英文四級以上
		電腦要求	熟練使用辦公軟體，熟練應用網路
	工作經驗		三年以上大、中型企業或外資企業人事管理經驗
	業務瞭解範圍		熟悉有關政策法規和現代企業薪酬福利體系；掌握人才市場動態；全面瞭解同行業的人力資源管理狀況，以及國際、國內人力資源管理的新動向

續表

能力項目	能力標準
能力素質要求	統計分析能力	薪酬統計、人力資本價值分析的能力

		能力項目	能力標準
	能力素質要求	統計分析能力	薪酬統計、人力資本價值分析的能力
		協調能力	同本部門及公司的其他部門進行工作協調的能力
		溝通能力	同員工進行談判、溝通能力
		人際關係能力	能處理好同公司員工的各種關係
	職位晉升	可直接晉升的職位	人力資源部部長
		可相互輪換的職位	招聘專員、培訓專員、人事專員
工作關係	內部關係	所受監督	受人力資源總監、人力資源部部長的領導和監督
		所施監督	在薪酬管理過程中的監督和管理
		合作關係	同公司相關部門對薪酬管理情況的溝通和協作
	外部關係	同人才市場、同行薪酬管理部門、社會保障部門等相關機構的聯繫	

溝通關係

內部

| 人力資源總監 | 人力資源部部長和部內同事 |
| 公司機關員工 | 各子公司(工廠)員工 |

外部

| 政府勞工人事部門 | 社會保障部門 |
| 保險公司 | |

責任範圍	彙報責任	直接上報____人	間接上報____人
	督導責任	直接督導____人	間接督導____人
	成本責任	電話/手機	每月費用控制在____元之內
		電腦	保證電腦的安全使用

續表

責任範圍	成本責任	辦公用品設備	對所使用的辦公用品和設備負有最終成本責任
	保密責任	對員工薪酬保密的責任	
權力範圍	權力項目	主要內容	
	審核權	審訂薪酬標準和獎金發放的權力	
	監督權	負責監督勞工薪資制度的執行情況	

工作範圍	工作依據	負責程度	建議考核標準
1. 薪酬調查： 透過各種管道瞭解當地整體薪酬水準和同行的薪酬水準，為制訂公平、合理的薪酬政策與薪資標準提供依據	跟人才市場薪酬現狀	全責	每年至少對當地薪酬市場情況進行一次調查，並寫成調查報告
2. 建立薪酬福利體系及考核標準： 依據公司發展規劃及當地同行業薪酬水準，協助公司制訂合理可行的薪酬體系及有效的考核標準，使公司薪資方案具有競爭性和公平性	公司薪酬規劃和企業相關管理規定	部份	薪酬福利體系的科學性和適用性
3. 薪酬管理： 每月末根據公司薪酬方案和員工日常考勤，編製公司員工薪資表，以保證員工薪資的按時發放	公司薪酬管理制度的相關規定	全責	員工對薪酬福利管理的滿意程度

續表

4. 工作保障與福利管理：根據有關政策，協助公司建立公司統一的工作保障體系，並制訂相關的規章；按照有關規定為員工辦理各種保險和社會統籌手續；協助有關部門和處理公司勞工糾紛及其他相關問題	勞工保障和福利制度的相關規定	部份	和員工對勞工保障與福利管理的綜合評價
5. 內勤管理：本部門文件及材料的下發，辦公用品的申請領用、保管等	部門管理制度的相關規定	部份	部長對內勤管理滿意度

5. 人事專員

單位：	職位名稱：人事專員		編制日期：
部門：人力資源部	任職人：		任職人簽字：
	直接主管：人力資源部部長		直接主管簽字：
	直接下屬：＿＿＿人		間接下屬：＿＿＿人
職位編號：	說明書編號：		批准日期：
職位概要：			
主要負責公司人事管理制度、人才引進、人才儲備建設和勞工人事管理工作			
任職條件	學歷/專業	大專及以上學歷，人力資源管理、行政管理、企業管理或相關專業	
	必備知識	專業知識	工商管理、人力資源管理
		外語要求	較好的英語聽、說、讀、寫能力
		電腦要求	熟練使用辦公軟體

續表

任職條件	工作經驗	兩年以上本職務工作經驗	
	業務瞭解範圍	人力資源管理	人事管理的理論和實務
		行政管理	行政管理的相關理論和實務
		勞工關係管理	勞工關係、工作合約的管理
	能力素質要求	能力項目	能力標準
		溝通能力	簡明扼要的談話技巧
		分析決策能力	對人事管理工作中複雜事務的分析決策能力
		評價能力	對員工的客觀評價能力
	職位晉升	可直接晉升的職位	人事資源部部長
		可相互輪換的職位	招聘專員、培訓專員、薪酬福利專員
		可晉升至此的職位	
		可以降級的職位	
工作關係	內部關係	所受監督	受人力資源總監、人力資源部部長的領導和監督
		所施監督	在人事管理過程中的監督和管理
		合作關係	同公司相關部門對人事管理情況的溝通和協作
	外部關係	同相關人事管理機構的聯繫	

續表

溝通關係	內部		
	人力資源部部長	部內其他同事	總務主管
	外部		
	人才交流中心	社會保障組織	

責任範圍	彙報責任	直接上報＿＿＿人	間接上報＿＿＿人
	督導責任	直接督導＿＿＿人	間接督導＿＿＿人
	成本責任	電話/手機	每月費用控制在＿＿＿元之內
		電腦	保證電腦的安全使用
		辦公用品設備	對所使用的辦公用品和設備負有最終成本責任
	保密責任	有對員工進行思想溝通和交流的責任	
	獎懲責任	有對人事檔案妥善管理的責任	
	預算責任	有對員工個人資料保密的責任	
	檔案管理責任	有對印章妥善保管、合理使用的責任	

權力範圍	權力項目	主要內容
	審核權	公司/本部門印章使用權、保管權
	解釋權	員工個人檔案查核權
	調檔權	人事檔案管理權
	財務權	本部人員出勤查核權

工作範圍	工作依據	負責程度	建議考核標準
1. 人事管理： 在部長的領導下負責公司的人事管理工作，負責起草有關人事管理工作的初步意見	公司現有的人事管理相關制度	全責	文件起草情況

續表

2.配備人員： 負責按照用人標準配備齊全各類人員，保證企業正常運轉	公司現有崗位和人事變動安排	全責	人才引進工作的完成情況
3.人才庫建設： 負責保存員工的人事檔案，做好各類人力資源狀況的統計、分析、預測、調整、查詢及人才儲備庫的建設工作	員工人事檔案和相關資料的管理規定	全責	人才儲備資源的建設和完善情況
4.員工合約： 負責員工的勞工合約簽訂，以及職務任免、調配、解聘等管理工作	勞工合約的相關規定和公司人事管理制度	全責	手續辦理的完備程度
5.勞工安全： 負責落實勞工安全保護政策，參與公司勞工安全、工傷事故的調查、善後處理和補償工作	公司安全管理條例	全責	事故調查的準確性、善後處理和補償的合理性及員工滿意程度
6.評選先進： 負責公司先進員工評選、榮譽稱號授予等具體工作	員工評比的規則和貢獻程度	全責	工作具體成效
7.其他： 人力資源部部長交辦的其他工作		全責	部長滿意度

第 **5** 章

人力資源部的人員招聘管理

人員招募是指企業吸引具有工作能力及工作動機的適當人選，激發他們前來應聘的過程。企業若想僱到適合的員工，必須具備縝密的招募程序與作業。

第一節　招聘工作崗位職責

人力資源部的招聘主管全面負責公司的招聘工作，建立並完善高效的招聘管理體系，落實公司制定的招聘計劃及公司人才檔案管理。其具體職責如下。

- · 根據公司現有的編制及業務發展需求，協調、統計各職能部門的人員招聘需求
- · 根據公司人員招聘的需求，編制年度、季、月人員招聘計劃
- · 招聘管道的建立與評估

- 負責人員招聘、面試、甄選、錄用等工作
- 匯總分析相關招聘報表
- 建立和完善公司的人才選拔體系和招聘流程
- 建立後備人才選拔方案和人才儲備機制
- 完成人力資源總監及經理交辦的其他臨時性任務

招聘專員協助招聘主管完善公司的招聘體系，擬定公司人員招聘計劃，負責招聘工作的具體實施。其具體職責

- 根據企業發展情況及各職能部門人員需求計劃，編制企業人員招聘計劃
- 招聘信息的起草與發佈
- 簡歷篩選、聘前測試、初次面試工作的組織與主持
- 應聘人員資料庫的建立和維護
- 人才市場、職介機構、獵頭公司等相關信息的收集並尋求與他們的合作
- 企業人員流動情況及人員流失原因分析

第二節 招聘工作整套流程圖

一、招聘計劃工作流程

圖 5-2-1 招聘計劃工作流程

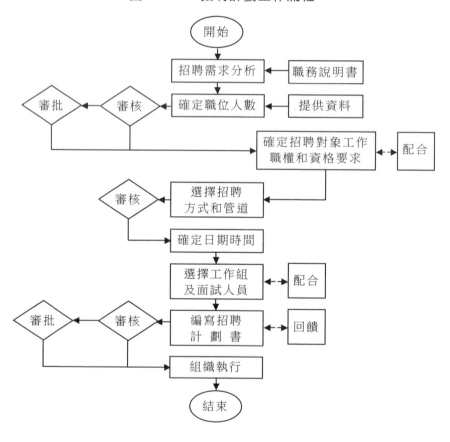

二、招聘計劃管理流程

圖 5-2-2　招聘計劃管理流程

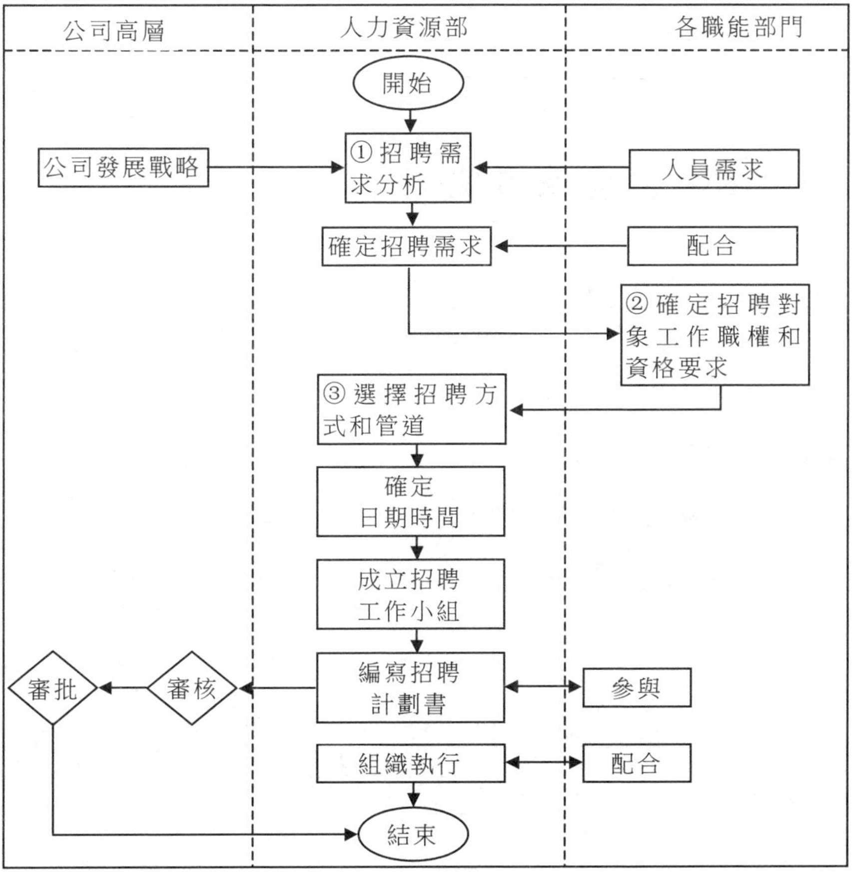

公司高層	人力資源部	各職能部門

開始

公司發展戰略 → ① 招聘需求分析 ← 人員需求

確定招聘需求 ← 配合

② 確定招聘對象工作職權和資格要求

③ 選擇招聘方式和管道

確定日期時間

成立招聘工作小組

審批 ← 審核 ← 編寫招聘計劃書 ← 參與

組織執行 ← 配合

結束

表 5-2-1　招聘計劃管理流程關鍵點說明

關鍵節點	招聘計劃管理
①	1. 根據公司發展戰略要求，預測人力資源配置並分析現狀 2. 各用人部門根據需要，提出人員需求計劃，報人力資源部匯總
②	根據職位說明書及相關信息，明確招聘職位的主要職責、任職資格要求等內容
③	根據招聘的崗位，選擇合適的招聘管道。明確採用內部招聘還是外部招聘、具體採用何種方式等問題

三、內部招聘管理流程

圖 5-2-3　內部招聘管理流程(一)

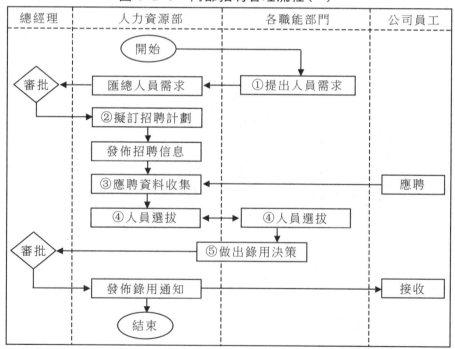

表 5-2-2　內部招聘流程關鍵節點說明(一)

關鍵節點	內部招聘管理
①	各用人單位根據工作需要，提出人員需求計劃，報人力資源部匯總
②	招聘計劃包括招聘廣告製作、招聘時間、招聘職位及要求、招聘小組人選、招聘內容
③	應聘資料的來源管道主要有:公司內部員工根據公司發佈的招聘信息，填寫「職位申請表」；部門推薦的員工提交的相關資料；公司人才檔案庫的相關資料
④	人力資源部和用人部門對初步篩選合格員工進行考核，中高層職位招聘還需總經理參與
⑤	根據考核的結果，用人部門做出錄用決策，人力資源部提供相關的參考建議

表 5-2-3　內部招聘流程控節點說明(二)

控制節點	內部招聘
①	內部招聘的方式主要有：發佈職位公告、部門推薦、公司人才檔案庫篩選等
②	人力資源部對應聘者提交的相關資料進行初步審核，主要審核其內容的真實性、可靠性、與應聘職位的相關聯程度等
③	人力資源部組織並參與對初步篩選合格的應聘人員工作能力、與應聘職位的匹配度、綜合能力等方面進行評估
④	擬定錄用人選，中高層管理職位錄用人選需經公司總經理審核

圖 5-2-4　內部招聘流程關鍵節點說明(二)

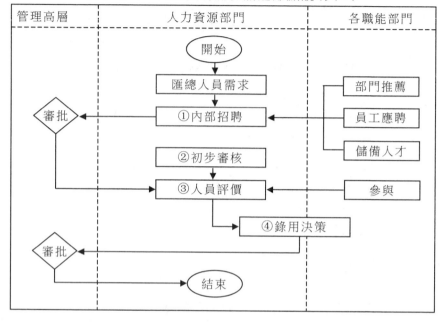

四、員工試用管理流程

表 5-2-4 員工試用期管理流程控制節點說明

控制節點	員工試用期管理
①	人力資源部向篩選合格的人員發出錄用通知，應聘人員接到錄用通知後按照規定的時間來公司報到
②	新員工到公司報到時，提交相關資料並辦理入職手續
③	對員工進行崗前培訓，介紹企業的相關情況
④	員工試用期結束前，人力資源部組織新員工所在部門對新員工試用期的表現進行考核，考核合格者，予以轉正，成為公司正式員工

圖 5-2-5 員工試用管理流程

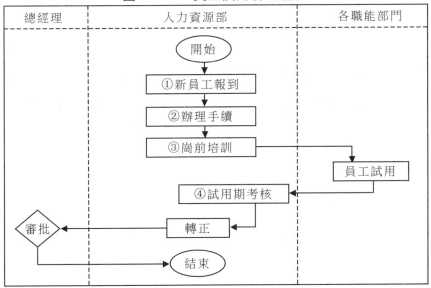

五、招聘與錄用管理流程

表 5-2-5　招聘錄用流程關鍵節點說明

關鍵節點	招聘錄用管理
①	各用人部門根據工作需要，提出人員需求計劃，報人力資源部匯總
②	人力資源部對各用人部門人員需求計劃進行審核與匯總，制訂人員需求計劃並報總經理審批
③	招聘方案包括：所需招聘職位的名稱、任職條件、薪酬待遇、面試方式及時間、招聘管道等內容
④	A.簡歷篩選是人員選拔的第一步，在具體選拔過程中，主要的方式是筆試和面試 B.面試一般分為初試和覆試兩個階段，也可以是初試、覆試、第三輪面試三個階段，根據招聘職位的不同其面試的環節會有所不同
⑤	對符合企業要求的人員，發出錄用通知，錄用通知可以電話、信函等多種方式進行，主要是讓被錄用人員明確報到時間、地點、單位、崗位、待遇及其他應注意事項等；對未被企業錄用的人員也應及時、禮貌地告知，並保留其相關的資料，放入企業的人才儲備庫中

圖 5-2-6　招聘與錄用管理流程

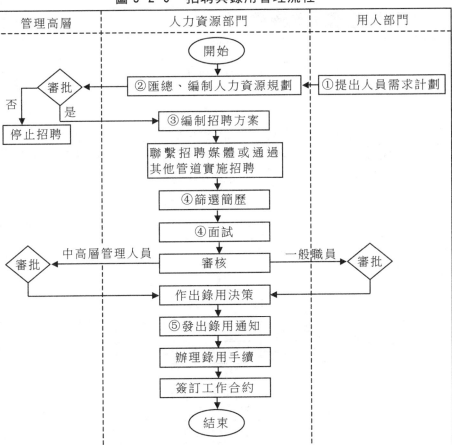

六、招聘工作流程

圖 5-2-7　招聘工作流程

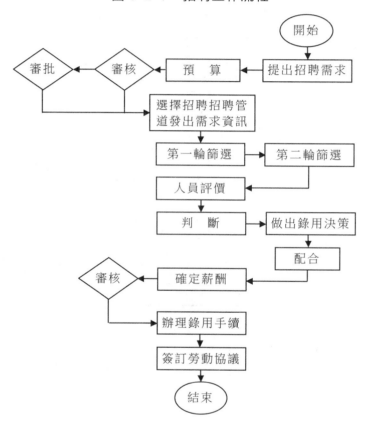

七、外部招聘工作流程

圖 5-2-8　外部招聘工作流程

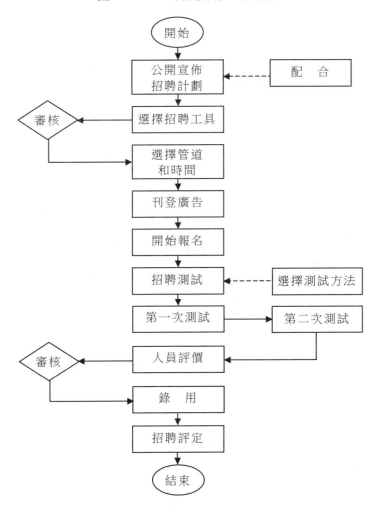

八、面試題目設計工作流程

圖 5-2-9　面試題目設計工作流程

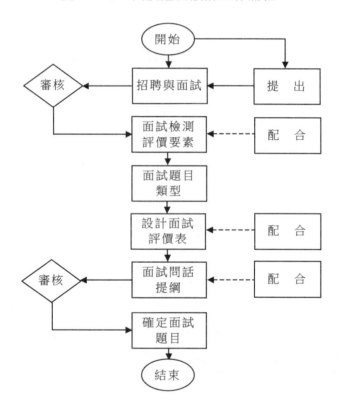

九、面試準備工作流程

圖 5-2-10　面試準備工作流程

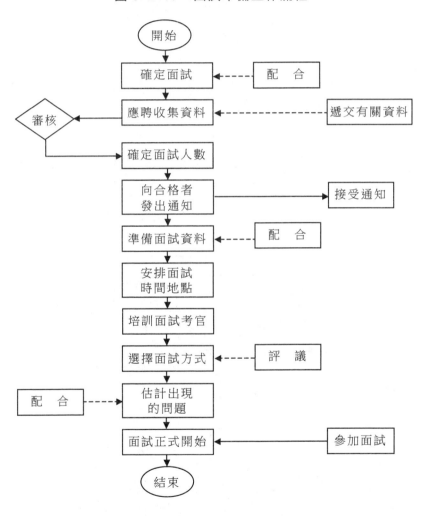

十、員工試用工作流程

圖 4-2-11　員工試用工作流程

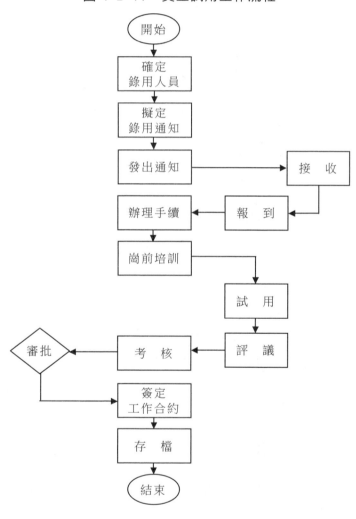

十一、員工轉正流程

圖 4-2-12　員工轉正工作流程

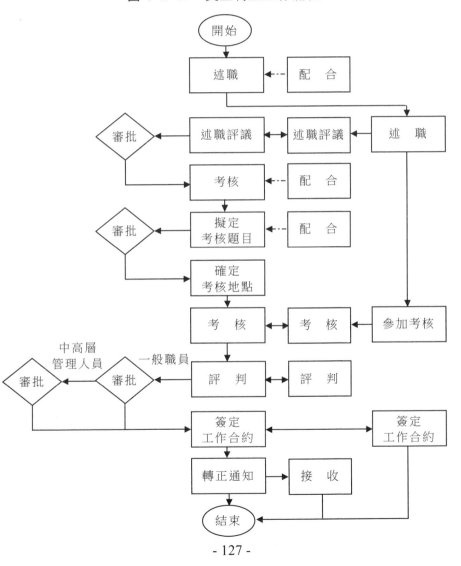

十二、員工錄用工作流程

圖 4-2-13 員工錄用工作流程

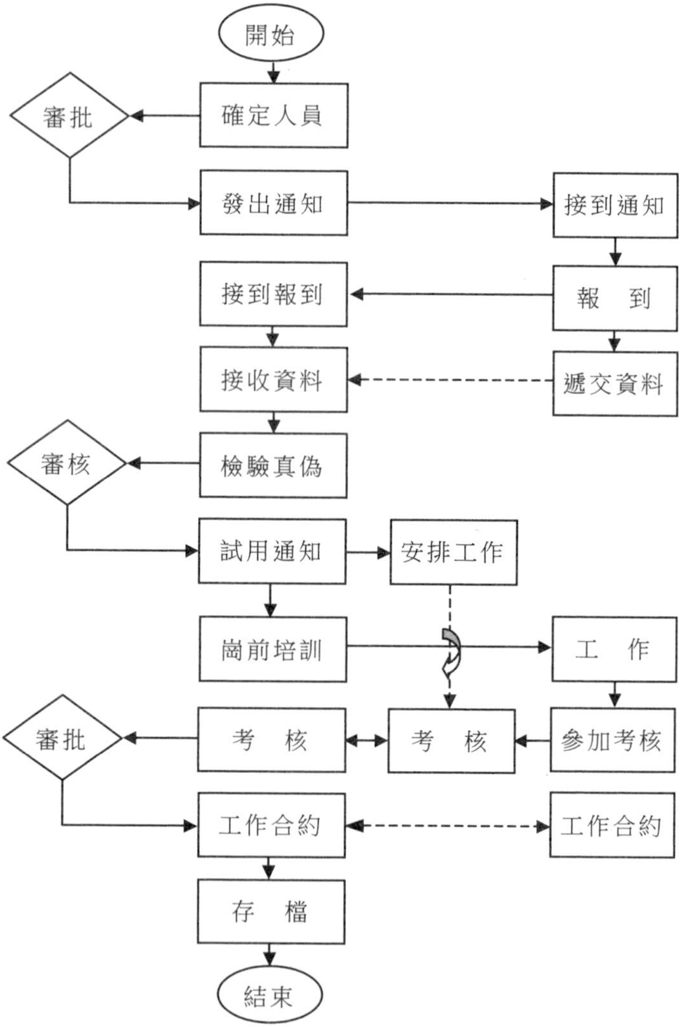

```
                    ┌──────┐
                    │ 開始 │
                    └──────┘
                        │
        ◇審批◀──── ┌────────┐
                    │ 確定人員 │
                    └────────┘
                        │
        └─────────▶ ┌────────┐        ┌────────┐
                    │ 發出通知 │──────▶│ 接到通知 │
                    └────────┘        └────────┘
                                          │
                    ┌────────┐        ┌────────┐
                    │ 接到報到 │◀──────│ 報 到 │
                    └────────┘        └────────┘
                        │                 │
                    ┌────────┐        ┌────────┐
                    │ 接收資料 │◀╌╌╌╌╌│ 遞交資料 │
                    └────────┘        └────────┘
                        │
        ◇審核◀──── ┌────────┐
                    │ 檢驗真偽 │
                    └────────┘
        └─────────▶ ┌────────┐   ┌────────┐
                    │ 試用通知 │──▶│ 安排工作 │
                    └────────┘   └────────┘
                        │            ╎
                    ┌────────┐   ╿   ┌────────┐
                    │ 崗前培訓 │──────▶│ 工 作 │
                    └────────┘       └────────┘
                        │                │
        ◇審批◀──── ┌──────┐ ┌──────┐ ┌────────┐
                    │ 考 核 │◀▶│考 核│◀│ 參加考核 │
                    └──────┘ └──────┘ └────────┘
        └─────────▶ ┌────────┐        ┌────────┐
                    │ 工作合約 │◀╌╌╌╌╌│ 工作合約 │
                    └────────┘        └────────┘
                        │
                    ┌────────┐
                    │ 存 檔 │
                    └────────┘
                        │
                    ┌──────┐
                    │ 結束 │
                    └──────┘
```

第三節　招聘管理制度

第一章　總則

第一條　目的

為規範員工招聘錄用程序，充分體現公開、公平、公正的原則，保證公司各部門各崗位能及時有效地補充到所需要的人才，使其促進公司得以更快地發展，特制定本辦法。

第二條　適用對象公司所有招聘員工。

第三條　權責單位

1. 人力資源部門負責本制度的制定、修改、解釋、廢止等工作。

2. 總經理負責本辦法制定、修改、廢止等的核准。

第四條　招聘錄用的原則

公司招聘堅持公開招聘、平等競爭、因崗擇人、擇優錄用、人盡其才、才盡其用的原則。

第二章　招聘小組成員構成

第五條　企業成立招聘組負責對人員的篩選，其小組成員至少由三人組成，分別來自人力資源部、用人部門、企業領導或聘請外部人力資源專家。不同對象的招聘人員，其面試考官的人員構成是不一樣的，具體內容見下表。

中高層管理人員及公司所需的特殊人才，面試考官一般由人力資源部經理、總經理、外聘專家組成，總經理擁有對其錄用決策的最終決定權。

表 5-3-1　不同人員面試考官的構成

職位	初試	覆試	核定
普通員工	人力資源部人員	人力資源部人員＋用人部門主管	用人單位主管
基層管理人員	人力資源部主管＋用人部門主管	部門經理＋人力資源部經理	部門經理

第三章　招聘需求

招聘工作一般是從招聘需求的提出開始的，招聘需求由各用人部門提出，其主要包括所需職位、人數及上崗時間等內容。

第六條　各部門、下屬分公司根據業務發展、工作需要和人員使用狀況，向人力資源部提出員工招聘要求，並填寫人員需求申請表(詳見下表)，報人力資源部審批。

第七條　突發的人員需求。因新增加的業務而現有企業內缺乏此工種人才或不足時，及時將人員需求上報人力資源部。

第八條　儲備人才。為了促進公司目標的實現，而需儲備一定數量的各類專門人才，如大學畢業的專門技術人才等。

第四章　招聘管道

公司招聘分為內部招聘和外部招聘。內部招聘是指公司內部員工在獲知內部招聘信息後，按規定程序前來應聘，公司對應聘員工進行選拔並對合適的員工予以錄用的過程。外部招聘是指在出現職位空缺而內部招聘無法滿足需要時，公司從社會中選拔人員的過程。

表 5-3-2　人員需求申請表

申請部門				部門經理		
申請原因	☐員工辭退　　☐員工離職　　☐業務增量 ☐新增業務　　☐新設部門					
	說明					
需求計劃 說明	職務 名稱	工作 描述	所需 人數	最遲上崗 日期	任職條件	
	職位 1				專業知識	
					工作經驗	
					工作技能	
					其他	
	職位 2				專業知識	
					工作經驗	
					工作技能	
					其他	
合計	＿＿＿＿人					
薪酬標準	職位 1	基本薪資			其他待遇	
	職位 2	基本薪資			其他待遇	
部門經理 意見	簽字：　　　　　　　日期：					
人力資源 部批示	簽字：　　　　　　　日期					
總經理 意見	簽字：　　　　　　　日期					

第九條　內部招聘

所有公司正式員工都可以提出應聘申請，且公司鼓勵員工積極推薦優秀人才或提供優秀人才的信息，對內部推薦的人才可以在同

等條件下優先錄取，但不降低錄用的標準。其招聘流程如下圖所示。

圖 5-3-1　內部招聘工作流程圖

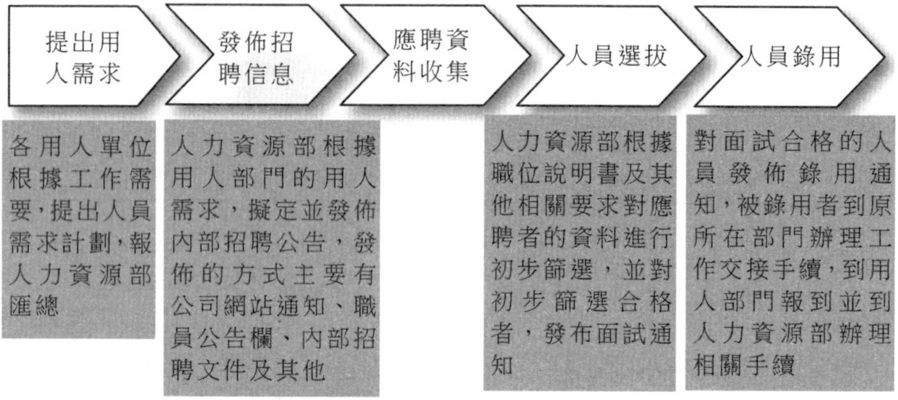

提出用人需求	發佈招聘信息	應聘資料收集	人員選拔	人員錄用
各用人單位根據工作需要，提出人員需求計劃，報人力資源部匯總	人力資源部根據用人部門的用人需求，擬定並發佈內部招聘公告，發佈的方式主要有公司網站通知、職員公告欄、內部招聘文件及其他		人力資源部根據職位說明書及其他相關要求對應聘者的資料進行初步篩選，並對初步篩選合格者，發布面試通知	對面試合格的人員發佈錄用通知，被錄用者到原所在部門辦理工作交接手續，到用人部門報到並到人力資源部辦理相關手續

第十條　外部招聘

外部招聘的方式主要有通過招聘媒體（報紙、電視、電台）發佈招聘信息、參加人才招聘會、通過職業介紹所等。

第五章　人員甄選

第十一條　簡歷的篩選。 招聘信息發佈後，公司會收到大量應聘人員的相關資料，人力資源部工作人員對收集到的相關資料進行初步審核，對初步挑選出的合格應聘者，以電話或信函的方式（面試通知書）告知他們前來公司參加下一環節的甄選。

第十二條　筆試。 根據招聘情況的實際需要，可在面試之前對應聘者先進行筆試，筆試的內容一般包括以下內容。

①一般智力測驗。

②專業知識技能。

③領導能力測驗（適用於管理人員）。

④綜合能力測驗。

⑤個性特徵測驗。

第十三條　面試。面試一般分為初試與覆試兩個環節。根據招聘職位的不同，也會有第三輪甚至第四輪的面試的環節，這種情況一般適用於公司中高層人員的招聘或公司所需的特殊人才的招聘。

①初試。主要是對應聘者基本素質、基本專業技能、價值取向等方面做出的一個基本判斷。

②覆試。根據初試的結果，人力資源部對符合空缺職位要求的應聘者安排覆試，主要是對應聘者與崗位的契合度進行考察，如應聘者對崗位所需技能的掌握程度、勝任該崗位所需具備的綜合能力等方面。

第六章　背景調查

第十四條　背景調查是就應聘者與工作有關的一些背景信息進行查證，以進一步確定應聘者的任職資格。

經公司甄選合格的人員，在公司決定錄用之前，視情況對其可作相關的背景調查。調查的主要內容包括學歷水準、工作經歷、綜合素質等，這樣可以在一定程度上降低公司的用人風險。

第七章　招聘工作的總結與評估

第十五條　招聘工作的總結與評估主要包括如下三項工作。

①招聘工作的及時性與有效性

②招聘成本評估

③對錄用人員的評估

第四節　人事招聘方案

一、校園招聘方案

校園招聘是指根據公司發展戰略目標對人才的需求，人力資源部組織的在各類院校進行的專科生、本科生、研究生的招聘專場活動。

(一)總則

表 5-4-1　總則

目的	招聘一批具有專業知識技術的人才，充實公司專業人才隊伍，提高公司整體人員的綜合素質，為今後公司的發展儲備一定的人力資源，以適應企業長遠發展的需要
標準	創新的思維、務實的作風、優秀的團隊合作精神、較強的環境適應能力
原則	1.公平、公正、客觀 2.統一招聘、內部協調

(二)招聘計劃的制定

根據公司需要招聘的對象、公司自身的規模、發展階段等實際情況，具體的招聘時間、招聘院校、招聘人數及招聘人員專業要求等內容，詳見下表。

表 5-4-2 招聘計劃的制定

學校	專業要求	學歷要求	計劃招聘人數	招聘時間
××大學	××專業	碩士	5	11 月 18 日～11 月 22 日
××大學	××專業	本科及以上	6	11 月 20 日～11 月 23 日
××大學	××專業	本科及以上	8	11 月 24 日～11 月 26 日
××大學	××專業	本科及以上	4	11 月 24 日～11 月 26 日
××大學	不限	本科及以上	30	11 月 24 日～11 月 26 日

(三) 招聘實施

(A) 招聘的準備

1. 相關資料的準備

相關資料主要包括介紹公司概況的文件、相關儀器設備的準備及其他相關的宣傳工具、面試試題的準備、人員測評工具的準備等內容。

2. 招聘小組人員的確定

參加此次校園招聘的工作人員由四部份組成，包括公司高層領導、用人部門的主要負責人、人力資源部經理、具有校友身份的員工或瞭解學校情況的人員。

3. 校園招聘前期的宣傳

前期宣傳主要包括與學校的溝通、公司招聘事宜的宣傳兩大項工作。

公司招聘事宜的宣傳途徑可以是通過校園網站、公司網站發佈公司的招聘信息或直接派人發放相關的資料等。

(B) 招聘的實施

1. 校園宣講

一場精心組織的、高品質的宣講會，不僅能為公司吸納到優秀

的人才,更重要的是能讓參加宣講會的同學更深入地瞭解公司的現狀、發展前景、企業文化等,從而增加應聘者對公司的好感,提高公司的知名度。

根據事先安排好的時間、地點,由公司的總經理或者相關高級經理在校園招聘會的現場進行演講,演講的內容主要包括公司的發展情況、企業文化、薪資福利、用人政策、大學生在企業的發展機會、校園招聘工作的流程、時間安排等內容。

2.雙方的溝通與相關資料的收集

求職者根據公司前期的宣傳或通過其他方式對公司有一個初步的瞭解後,結合公司招聘的要求及自身的情況,提交個人簡歷及其他相關資料給公司招聘工作負責人。同時,求職者與招聘工作負責人在現場就招聘的相關事宜進行溝通。

3.人員篩選

人員篩選主要分為 5 個環節,如下圖所示。

圖 5-4-1　人員篩選的五個環節

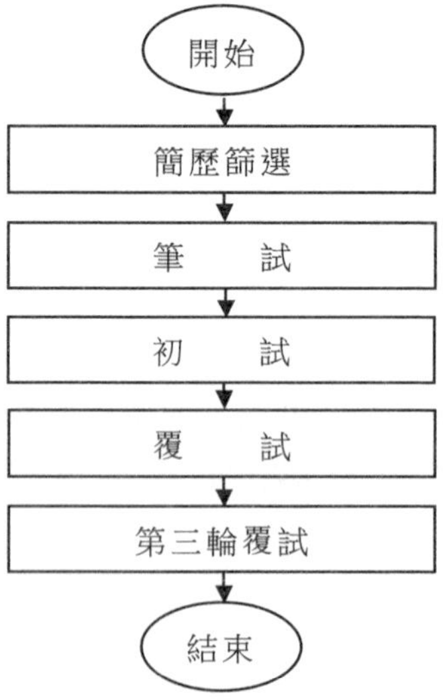

```
        開始
          │
      簡歷篩選
          │
       筆　試
          │
       初　試
          │
       覆　試
          │
      第三輪覆試
          │
        結束
```

(1)簡歷篩選

公司對求職者應聘資料的收集主要有兩種管道：一是校園招聘會上收集的信息；二是求職者通過進入公司的網站。線上申請職位提交的相關資料。

公司根據求職者提交的招聘資料所反映的基本資料(如學校、專業、外語水準、電腦水準)、價值取向及部份行為特徵等要求，作為選擇的初步標準。經過篩選後保留計劃招聘人數的 300%進入第二輪測試。

(2)筆試

人力資源部工作人員通知初步挑選合格的人員進行筆試。

筆試主要是對求職者進行專業能力測試和綜合素質測試，時間為 60 分鐘，測試後保留計劃招聘人數的 200%進入第三輪面試。

(3)面試

公司的面試分為初試、覆試、第三輪面試三個環節。

初試設兩名主考官，主考官要非常注意自身的形象。每一名員工都是企業的一面鏡子，其表現的好壞直接影響著學生對企業的評價，因此無論是筆試的主考官還是面試的主考官都要非常注意形象。

對筆試合格的人員初試採取集體面試的方式進行，時間大約 30～45 分鐘。其實施程序如圖 5-4-2 所示。

根據應聘人員在初試中的表現，經過篩選後保留計劃招聘人數的 150%進入覆試。

覆試主要採用結構化面試的方式進行，時間為 30 分鐘左右。面試主要考察應聘者的求職動機、思維的邏輯性、言語表達能力、應變能力、團隊合作能力 5 個方面。

圖 5-4-2　對筆試合格的人員初試實施流程

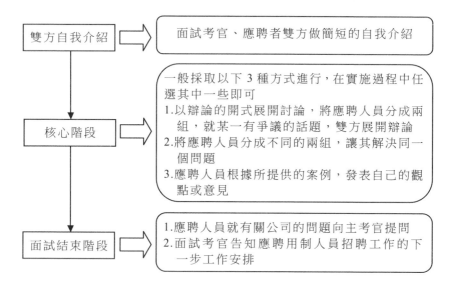

進入第三輪面試的人員數量大致為計劃招聘人數的 120%，第三輪面試由人力資源部經理、用人部門經理、公司高層領導三人組成。

（四）人員錄用

根據應聘者以上五輪的考核表現，確認錄用人選並報總經理審核，人力資源部根據審核後的結果及時通知相關應聘人員，並與其簽訂工作合約，對未被公司錄用的人員，人力資源部也應及時委婉地告知並向他們表示感謝。

（五）招聘的後續工作

招聘的後續工作主要包括以下三個方面。

①新員工報到，被公司錄用的人員於 X 月 X 日到公司報到並辦理相關手續。

②招聘工作總結與評估。

③新員工入職培訓。

表 5-4-3　招聘計劃範本

招聘時間：2023 年 7 月			
招聘地點：			
組織部門：企業人力資源部			
活動總負責：			
現場總協調：			
參加 部門 及 人員	人力資源部： 營銷事業部： 營銷電器事業部： 財務部：	說明：	
招聘 資料 準備	**資料項目：** 1. 試卷/答題卡/答案： 　營銷類 30 份；外貿類(新)15 份；通用類 40 份；進口採購類 10 份；會 　計審計類 25 份；性格測試卷 40 份 2. 現場宣傳用手提電腦 1 台及光碟；多功能接線板 3. 精美廣告冊：5 份(大)、15 份(小)；《公司簡報》；中性筆 15 支；小釘 　書機 2 只；迴紋針 2 盒；應聘者登記表 150 份；面試測評表 100 份 4. 招聘廣告牌；面試問題設計 　落實時間：7 月 7 日之前 　責任人：		
招聘 現場 佈置	招聘大廳：廣告牌掛放、桌椅位置確定、招聘資料擺放 招聘套間：桌椅借用、招聘資料準備；考試場地聯繫確定 落實時間：7 月 8 日下午 5 時前 責任人：		
招聘 流程	1. 應聘者初審：初審合格人員發給應聘者登記表， 並收集相關個人資料初試，符合標準則轉入 2(稱為初試合 格人員) 初試地點：招聘大廳前臺	總聯絡員： 現場人員：	
	2. 初試合格人員至指定場所完成試卷交監考員批 改，轉入 3 考試地點：小會議室	監考員：	
	3. 覆試→合格，通知、確定終核或報到時間 　　　→不合格，淘汰 覆試地點：套間客廳(營銷類 A) 　　　　　套間臥室(綜合類 B)	現場人員 A： B：	

續表

總日程安排	7月7日	招聘資料匯總；車票訂購、差旅費用預支		責任人：
	7月8日	上午	住宿安排	
			聯繫招聘用車等	責任人：
		下午：2：30-3：30：所有參加招聘會人員會議 地點：		責任人：
		下午3：00-5：00：佈置招聘場地 晚：招聘細節商討 地點：		責任人：
	7月9日	白天：現場招聘		責任人：
		晚：分類整理招聘資料；召開總結會議，總結招聘情況，分析招聘成本 地點：待定		責任人：
	7月10日	上午：完成後續工作		責任人：
		下午：返回基地		
費用預算	招聘場地費：××××元 小會議室租用費：××××元(全天) 廣告牌製作費：×××元 往返車費：×××元 食宿費： 市內交通費： 其他：			審核人：
招聘注意事項	1. 做到寧缺勿濫，認真篩選，部門負責人不允許以嘗試的態度對待招聘工作 2. 對應聘者的心態要有很好的把握，要求應聘者具備基礎的敬業精神和正確的金錢觀 3. 招聘人員應從培養企業長期人才考慮(明確考慮異地工作)，力求受聘人員的穩定性。同等條件下，可塑性強者優先 4. 要注重受聘者在職業方面的技能，不要被職位的要求所限制 5. 在面試前要做好充分的準備工作(有關面試問答、筆試等方面)，並要注意個人著裝等整體形象 6. 招聘過程中對待前來應聘者須熱情禮貌、言行得體大方，嚴禁與應聘者發生爭執 7. 招聘過程中若有疑問，請向現場總協調員諮詢			

二、結構化面試方案

(一)公司背景

本公司是集設計、生產、銷售為一體的大型民營企業。生產的產品已佔有一定的市場，為了加速公司的發展，樹立起自己的品牌，公司決定面向社會招聘一名市場總監。

(二)確定招聘的標準

為了更客觀、準確地確定市場的崗位任職資格條件，公司聘請了兩位外部的專家，與人力資源部工作人員共同組建成了一個招聘小組，展開以下工作。

(A)信息的收集與確認

①根據市場總監工作說明書，招聘小組收集了一部份崗位任職資格要求的信息。

②設計調查問卷，由市場部主要負責人及同行業的相同崗位的人員填寫。

③與市場部經理及公司高層交流溝通，一方面確認信息的真實、準確性；另一方面，(外部專家)瞭解公司的狀況，還可以明確公司高層對市場總監的要求。

(B)崗位資格條件的確定

招聘小組通過對以上信息的整理，確定了市場總監一職的任職資格要求，具體包括以下方面，見下表。

表 5-4-4　崗位任職資格條件一覽表

所受教育	①最佳學歷	碩士及以上
	②最低學歷	本科
	③專業要求	市場行銷、企業管理、市場策劃、項目管理等相關專業
	④外語要求	英語四級以上
	⑤電腦水準	各種辦公軟體的熟練使用
業務知識	①市場分析	根據行業發展特徵，明確公司產品的發展方向
	②產品管理	瞭解本公司產品的特性、品牌建立和維護等
	③價格管理	根據競爭對手、替代產品的價格信息，管理公司產品的市場價格
工作經驗	五年以上大型企業相關工作經驗	
能力和素質要求	能力	能力標準
	①領導能力	通過激勵、授權等方式領導下屬的能力
	②計劃執行能力	能制定可行的計劃方案並能付諸實施的能力
	③判斷和決策能力	對市場有敏感度並能及時做出準確的判斷和決策
	④目標管理能力	制定明確的目標，並且將總目標細分為多個目標，從整體把控、糾正偏差的能力
	⑤開拓能力	積極開拓市場、發現潛在商機的能力
	⑥客戶服務意識	認識到客戶的價值和重要性，能夠靈活運用多種技巧解決客戶所提出的問題並提供讓客戶滿意的服務
	⑦溝通能力	有與客戶、媒體及其他相關部門的溝通和協調能力
個性特徵	①影響力	具有較強的影響和改變他人心理和行為的能力
	②富有激情	有很強的激發下屬工作熱情的能力

(C) 確定考核方案

根據崗位任職資格特點，招聘小組制定方案，如下表所示。

表 5-4-5　考核方式表

考核形式	考核內容
筆試	① 心理測驗主要考察應試者的個性特徵及職業發展傾向 ② 專業知識測試
面試	結構化面試主要考察應試者的基本素質，如分析判斷能力、應變能力等
無領導小組討論	主要考察應試者的領導能力、人際溝通能力、開拓能力
文件筐測驗	主要考察應試者的協調能力、目標管理能力

(三) 考核的實施

經過第一輪的筆試考核後，招聘小組對入選的應試者進行面試。

(A) 結構化面試的實施

公司的發展離不開優秀人才的加盟，為了更好、更快地促進本公司的發展，面試考官務必本著客觀、公正的態度為公司進行人員的招聘與選拔。

1. 開場白

應試者到來後，面試考官應態度友好地安排應試者面試。面試的開始階段，面試考官應以下面的問題作為開場白，以緩解應試者的緊張情緒。

① 您今天過來交通還方便吧，我們公司的地址容易找嗎？

② 您來自那裏（可以簡單地與應試者聊聊其家鄉的特點）。

③ 您是如何獲知我們企業的招聘信息的？

2.面試的核心階段

表 5-4-6　面試試題一覽表

考核內容	面試問題
工作經驗	請描述一下您的工作主要職責，在工作中有何收穫
領導能力	作為一個部門主管，您如何讓您的下屬尊敬並信任您
計劃執行能力	①您是如何準備這次面試的 ②您是如何計劃和安排重要項目的
判斷和決策能力	①當事情發展的結果與事先您做的計劃有很大的偏差時，請問您如何處理 ②當您在購物時，無意中發現了一件商品，其外觀非常精緻，但對您來說沒有太大的使用價值，您會如何抉擇 ③以前的工作經歷中，在做出重大決策時，您是如何實施的？請舉個例子加以說明
目標管理能力	①您怎樣鼓勵員工達到工作目標 ②您如何確保企業的目標、任務能反映到各部門甚至員工個人的工作目標中去
開拓能力	舉一個例子說明在一個新的環境下，如何發現潛在的商機
客戶服務意識	請舉一個事例說明您如何成功地處理了客戶提出的比較難以解決的問題，從而使客戶獲得滿意的
人際溝通能力	在長途旅行的火車或飛機上，週圍都是陌生人，您是如何在這環境中與他們相處的
影響力	當與主管意見不一致時，您通常是如何解決的

3.面試的結束階段

面試考官估計面試問題都提問完畢，則可以自然地結束面試，

可以用以下幾個問題結束。

①您對公司或者工作還有什麼需要瞭解的嗎？

②我們對您的情況已有一個基本的瞭解，那我們下一步的工作安排是這樣的……

③非常感謝您能來參加我們這次的面試……

4.面試評估階段

面試考官根據應試者在結構化面試中的表現，根據事先制定的評分標準，對每一位應試者進行評估。

(B) 無領導小組討論

無領導小組討論是面試的第二個環節，無領導小組討論則在公司精心設計的情境模擬測評室中進行，4～7 位應試者自由地組成一個小組，共同討論，就某一地區的市場開發寫一個調研報告(前期安排了應試者實地考察的時間)。

面試考官則通過錄影監控，通過觀察應試者的表現對每位被測人員進行評估。

(C) 文件筐測驗

文件筐測驗是讓應試者針對市場總監這一職位專門設計公文處理方式，以對其能力與綜合素質進行評估。

無領導小組討論和文件筐測驗都是企業採用評價中心的方法對應試者進行測評的一種工具。

(D) 撰寫評估報告

應試者通過層層的考核和選拔，招聘評估小組根據應試者的表現，需分別撰寫評估報告，見下表。

表 5-4-7　應試者評估報告表

應聘者姓名		性別		應聘職位	市場總監
所屬部門	市場部	工作地點		評估日期	

一、能力素質評價

能力	個人得分				
	1(差)	2(較差)	3(一般)	4(良好)	5(優秀)
領導能力					
計劃分析能力					
判斷決策能力					
目標管理能力					
開拓能力					
客戶服務意識					
影響力					

二、綜合評價

優點：①具有較強的分析判斷能力，良好的語言表達能力

　　　②較強的決策和執行能力　　　③領導能力強

缺點：①不善於聽取別人的意見和建議　　②考慮問題不太全面

三、建議

□錄用　　□待定　　□基本上不符合條件

評估者：

三、面試談話的範本

應聘者到來後，公司面試官應態度友好、有條理地安排面試，使其放鬆，例如：

「你是如何瞭解本企業並對其感興趣的？」

「你是如何獲知本企業的空缺職位的？」

「在我們開始之前，請先瞭解一下今天我們的談話內容。我想瞭解你的背景與經驗，從而決定這份工作是否適合你。我很高興能聽你講述你的工作經歷、教育、興趣、各種活動，以及你樂意告訴我的任何事情。在我對你的背景有所瞭解後，我將向你提供與本企業及崗位有關的資訊，並回答所有你可能提出的問題。」

1. 工作經驗

工作經驗的討論，將因應聘者的工作時間長短而明顯不同。對剛剛走出大學校門的畢業生提出的問題，不可能適用於一個有 15 年經驗的專業人員。對於擁有實際經驗的應聘者，最近工作職位的談論是一個合理的開端。

除了瞭解工作本身，這也有助於瞭解應聘者更換工作的原因、每份工作的持續時間，及隨著時間的推移其對工作要求的不同。

「請你描述一下你的工作及職能；你喜歡那些工作，不喜歡那些；你認為你在工作中有何心得。」

「我們先簡要地回顧一下你最初的工作經歷，只是一些在校期間或假期的兼職工作。然後，我們再詳細瞭解一下你近來的工作情況。」

「你對最初的工作還有多少印象？」

對每一份工作都提一些詳細的問題。整個過程要按照時間的順

序進行，這會使談話顯得很自然，而且能夠進行比較。

面試官會對具體行為提問，以避免得到的回答過於籠統。不要問：你可靠嗎？因為你只會得到一種答案：可靠。

問題明確，一次只提一個問題，這樣不會對應聘者產生干擾。儘量避免談話過程中出現冷場，如果是由應聘者引起的，應稍等片刻。始終保持中立的態度，不要從語言或行為上暗示應聘者面試官的看法。應鼓勵應聘者發表自己的觀點，並儘量使用他們的字眼，以避免表現出面試官的想法。如果應聘者說：「我喜歡獨立工作。」你可以回應道：「獨立工作嗎？」當然，面試官還可以借機讓應聘者舉出相應的事例。

2.教育背景

與工作經歷方面的面試相比，關於教育背景的交流則應更貼近應聘者的受教育程度。對於專業性較強的應聘者的面試，則應更側重於專業教育。

「我們已經十分瞭解你的工作經歷，現在，讓我們看一下你的教育背景。先簡單地從中學開始，然後依次類推，最後談談你受過何種培訓。你對那些專業比較感興趣、成績如何、課外活動有那些，還有其他你認為重要的事情。」

「你的大學時代是如何度過的？」整個過程要按照時間的順序進行，問題要具體。不要根據回答做出判斷，這只是表面現象；前後對比才能透出本質。在得到回答後，要對其行為表現進行分析，確定那些是工作需要的。

3.活動及興趣

「我們想瞭解一下你工作之餘的興趣愛好。平時，你會參加那些活動，團體活動或者協會交流？」問題要具體詳細。對應聘者應表示關注及尊重。不應對其言語諷刺或使用不良字眼。

4. 自我評價

「讓我們總結一下，你認為自己的優點是什麼，包括品格和業務方面都可以。」應根據具體需要提問，問題要清晰。「你已經向我們提供了許多個人情況，但每個人都有不足，你希望今後對那些方面進行完善？」應根據具體需要提問，問題要清晰。

5. 介紹企業狀況

如果面試官認為該應聘者十分適合這份工作，就可以向其介紹企業的情況；反之，面試官對該應聘者不滿意，應儘量避免提及應聘者無法勝任的工作內容。

「你的介紹十分詳盡，我非常高興與你交流。在我對企業情況及工作職責進行介紹以前，你還有什麼補充的嗎？」

「你還有什麼問題嗎？」

「好吧，現在我來介紹一下情況。」面試官對企業、工作、福利、辦公地點等作簡單介紹。

6. 結尾

「你對企業或工作還有什麼要瞭解的嗎？」

「非常感謝你能來……」

自然地結束面試。如果面試官並不打算錄用或進一步瞭解該應聘者，這時可以告訴其結果。態度要誠懇，無需特別指出原因。

第五節　人員錄用通知

　　錄用階段是整個招聘過程最後的開花結果階段，前面所進行的所有工作，都是為了實現這一目的，這一階段主要包括通知錄用結果、確定入職條件、新員工接納與安置、新員工試用與轉正等工作。

　　人事經理作出最終決定之後，接下來就要將結果通知應聘者。通知無外乎兩大類，一種是錄用通知，一種是辭謝通知。

　　在辭謝通知中，首先要表達對應聘者關注本公司的感謝，其次要告訴應聘者未被錄用只是一種暫時的情況，並且要把不能錄用的原因歸結為公司目前沒有合適的位置，而不要歸結為應聘者能力和經驗等因素。辭謝通知使用的語言應該簡潔、坦率、禮貌。

表 5-5-1　員工錄用通知書（樣本）

　　_____先生/女士：

　　非常高興地通知您，您應聘我們公司的_____職位，經審核，決定予以錄用。

　　很希望您能接受這項工作。我公司將會為您提供很好的發展機會、良好的工作環境和優厚的報酬。您的月薪是_____元，其他福利_____。

　　請您在_____月_____日來公司報到，並攜帶以下證件：

　　兩張一寸照片、身份證、畢業證書、學位證書、相關的職業資格證書的原件及影本。報到地點：_____。

　　如果您還有什麼問題，請與我部聯繫，聯繫電話_____。

××公司人力資源部

年　　月　　日

第一條 員工錄用通知。

通過筆試、面試環節的選拔，經公司考核合格的應聘人員，在做出錄用決策後的三個工作日內，向其發出錄用通知；對未被公司錄用的人員，人力資源部也應禮貌地以電話、郵件或者信函（主要是以員工錄用通知書的形式告知，見樣本）的形式告知對方。

第二條 員工報到與試用

被錄用員工在接到公司的錄用通知後，必須在規定的時間內到公司報到。若在發出錄用通知的 15 天內不能正常按時報到者，公司有權取消其錄用資格，特殊情況經批准後可延期報到。

被錄用人員按規定時間來公司報到後，需辦理如下手續。

①將相關資料交予人力資源部，包括體檢合格證明、身份證、學歷證書、職稱證等相關資料的影本。

②簽訂工作合約。

③中領相關辦公用品。

應聘人員必須保證向公司提供的資料真實無誤，若發現虛報或偽造，公司有權將其辭退。

第三條 人員試用與轉正

公司新進人員到人力資源部辦理完相關報到手續後，進入試用期階段，試用期為 1～6 個月不等。若用人部門負責人認為有必要時，也可報請公司相關領導批准，將試用期酌情縮短。

用人部門和人力資源部對試用期內員工的表現進行考核鑑定，考核主要從其工作態度、工作能力、工作業績三個方面進行。

①試用期內員工表現優異，可申請提前轉正，但試用期最短不得少於一個月。

②試用期間員工若品行欠佳或公司認為不適合，可隨時停止試用。

③試用期滿且未達到公司的合格標準，人力資源部與用人部門根據實際情況決定延期轉正或辭退，試用期延期時間最長不超過 3 個月。

員工試用期即將結束時，需填寫員工轉正申請表（見下表），公司根據員工試用期的表現做出相應的人事決策。

第六節　新員工試用期期間的工作進度檢查

檢查新員工試用期的工作開展情況，為試用員工是否轉正提供決策依據。考核目的：

(1)直屬主管與員工充分溝通，讓後者瞭解考核績效標準。

(2)考核員工的工作表現，並建議改善方案。

(3)決定是否長期僱用該員工。

考核項目		考核成績
試用期間 工作目標		
工作表現、 態度及能力	該員工是否成功地完成任務	
	該員工是否有學習各項工作的動機及心態	
	該員工對於迅速完成工作的責任感	
	該員工合作性、組織力	
	該員工工作表現是否達到部門要求的標準	
是否有任何問題影響該員工的工作進展	□是　　　　□否 若有問題，請具體說明	

續表

對這項工作該員工有興趣嗎，勝任嗎	□有興趣　　□沒興趣 □能勝任　　□不能勝任	
該員工還需要什麼教育訓練計劃		
關於改善該員工工作表現並發展其潛力的建議	(1) (2) (3)	
其他意見或建議		
出勤記錄	缺席天數＿＿天，遲到次數＿＿次 請假原因：	
建議事項	□該員工試用期工作表現滿意，可轉成正 　式員工 □該員工試用期工作表現不佳，不予任用 □該員工試用期需要延長＿＿＿(延長時間)	
新進員工簽名： 直屬主管簽名： 　　　　　　　　　　　　　日期：＿＿＿年＿＿月＿＿日		

第七節 新員工的妥善接納與安置

對新員工來說，他到企業報到後的頭幾天的體驗將直接決定他對這個企業的整體評價，人力資源部經理必須對新員工的接納和安置工作進行細緻入微的安排，以使新員工在剛到企業之後就能有一個好印象，同時，也能喚起他極大的工作熱情。

1.新員工的安置

人事經理在人員安置工作時要做到用人所長，人適其職。而每名新員工因為個人的學識、工作經驗、知識結構不同，從而就會形成工作能力和特定能力的差異，這就需要人事經理根據新員工的能力特點，來把他們安置到最適合的崗位上。

新員工進入企業後，人事經理要為其安排合適的職位。一般來說，員工的職位均是按照招聘的要求和應聘者的應聘意願來安排的，但在人員的錄用與配置上，人事經理要注意從工作和人這兩個角度來考慮。

若從工作的角度看，人事經理首當其衝要考慮的不是此新員工「能做什麼」或「不能做什麼」，而是要弄明白他所具有的能力是否符合這項工作的需要。一個人不管有多少長處，只要不具備該項工作所要求的能力，就絕對不能將他安置在這個崗位上。

2.新員工的接納

人事經理在新員工接納方面，要仔細週到考慮並安排好一系列的工作，以保證員工進入企業後的規範化、有序化的管理：

· 新員工的到來應事先通知那些人(用人部門、行政部門等)；

- 誰負責辦公設備（如辦公桌、電腦、電話等）的到位，由誰接待和照顧新員工；
- 由誰負責把新員工介紹給同事和重要的聯繫人；是否有必要安排相應的培訓；
- 由誰負責培訓課程的具體安排和培訓工作的具體籌畫；
- 有無最新的崗位描述，它能否作為初級指導，如果需要修改，新員工如何參與修改；
- 如何制定新員工的工作目標，什麼時候以及由誰制定；
- 由誰在此後的幾個星期內追蹤調查新員工的工作進展情況（直接管理者、選拔人、其他人）。

3.新員工的試用與轉正

新員工試用是對其能力與潛力、個人品質與心理素質的進一步考核。試用的目的，一方面可以使人事經理和用人部門負責人有機會去考查新員工在面試階段沒有顯露出的特殊才能，然後根據其能力與企業需要來調換崗位；另一方面亦可經由試用來補救不適合的任用措施。

新員工在試用期滿後應填寫「員工轉正申請表」，並由人事經理進行考核，如用人部門確認其能力與素質符合職位的要求，則予以正式任用；如認為尚需延長試用，則在與新員工進行溝通後，予以延長試用期，如確屬不能勝任者即予解除勞動關係。

第八節 （案例）豐田公司的全面招聘體系

人員招募，選擇合適的人，是人力資源管理的一項重要工作，也是企業能夠持續發展的前提。

豐田公司行之有效的「全面招聘體系」，花費大量的人力物力尋求企業需要的人才，用精挑細選來形容一點也不過分，全面招聘體系的目的就是招聘最優秀的有責任感的員工，為此公司做出了極大的努力，全面招聘體系可分成 5 大階段，持續 5～6 天。

1. 第一階段豐田公司通常會委託專業的職業招聘機構，進行初步的甄選。應聘人員一般會觀看豐田公司的工作環境和工作內容的錄影資料，同時瞭解豐田公司的全面招聘體系，隨後填寫工作申請表。1 個小時的錄影可以使應聘人員對豐田公司的具體工作情況有個概括瞭解，初步感受工作崗位的要求，同時也是應聘人員自我評估和選擇的過程，許多應聘人員知難而退。專業招聘機構也會根據應聘人員的工作申請表和具體的能力和經驗做初步篩選。

2. 第二階段也是外部機構完成的。主要是評估員工的技術知識和工作潛能。通常會要求員工進行基本能力和職業態度心理測試，評估員工解決問題的能力、學習能力和潛能以及職業興趣愛好。如果是技術崗位工作的應聘人員，更加需要進行 6 個小時的現場實際機器和工具操作測試。通過第一階段和第二階段的應聘者的有關資料轉入豐田公司。

3. 第三階段豐田公司接手有關的招聘工作。本階段主要是評價員工的人際關係能力和決策能力。應聘人員在公司的評估中心參加

一個 4 小時的小組討論。討論的過程由豐田公司的招聘專家即時觀察評估，比較典型的小組討論可能是應聘人員組成一個小組，討論未來幾年汽車的主要特徵是什麼。實際問題的解決可以考察應聘者的洞察力、靈活性和創造力。同樣在第三階段應聘者需要參加 5 個小時的實際汽車生產線的模擬操作。在類比過程中，應聘人員需要組成項目小組，負擔起計劃和管理的職能，比如如何生產一種零配件，人員分工、材料採購、資金運用、計劃管理、生產過程等一系列生產考慮因素的有效運用。

4. 第四階段應聘人員需要參加一個 1 小時的集體面試，分別向豐田的招聘專家談論自己取得過的成就，這樣可以使豐田的招聘專家更加全面地瞭解應聘人員的興趣和愛好，他們以什麼為榮，什麼樣的事業才能使應聘員工興奮，更好地做出工作崗位安排和職業生涯計劃。在此階段也可以進一步瞭解員工的小組互動能力。

通過以上四個階段，員工基本上已被公司錄用，但是員工需要參加第五階段一個 25 小時的全面身體檢查。瞭解員工的身體一般狀況和特別的情況，如酗酒、藥物濫用的問題。

豐田的全面招聘體系使我們理解了如何把招聘工作與未來員工的工作表現緊密結合起來。

從全面招聘體系中我們可以看出，首先，豐田公司招聘的是具有良好人際關係的員工，因為公司非常注重團隊精神；其次，豐田公司生產體系的中心點就是品質，因此需要員工對於高品質的工作進行承諾；再次，公司強調工作的持續改善，這也是為什麼豐田公司需要招收聰明和有過良好教育的員工，基本能力和職業態度心理測試以及解決問題能力模擬測試都有助於良好的員工隊伍形成。正如豐田公司的高層經理所說：受過良好教育的員工，必然在模擬考核中取得優異成績。

第 6 章

人力資源部的員工異動管理

第一節　人事工作崗位職責

人事主管主要負責安排人事考勤、離職、員工檔案等事項，其具體職責如下。

- 執行公司的規章制度和工作程序，保質、保量、按時完成工作任務
- 制定考勤管理、出差管理、出國管理、離職管理、人事檔案管理等規章制度及實施細則，經批准後實施
- 審查、辦理員工的崗位調動、職稱評定、離退休等事宜的人事、勞資手續
- 匯總、審核各部門的考勤情況，及時轉交給薪酬專員辦理
- 建立人力資源部文件、員工人事檔案、勞資檔案及其保管和定期歸檔工作
- 負責審核、辦理員工請假、銷假手續

- 辦理員工出國申報、資格審查工作
- 人事保密工作
- 及時向人力資源部經理彙報相關工作
- 人力資源部經理交代的其他相關工作
- 執行公司的規章制度和工作程序，保質、保量、按時完成工作任務
- 協助人事、事務主管制定考勤管理、出差管理、離職管理等規章制度及細則
- 統計員工請假、休假情況，匯總各部門的考勤情況，提交人事主管審核
- 受理員工出差、出國申報資料工作
- 及時向人事主管彙報相關工作
- 人事事務主管交代的其他相關工作

第二節　員工異動管理流程圖

一、員工內部調動的工作流程

圖 6-2-1　員工內部調動管理工作流程

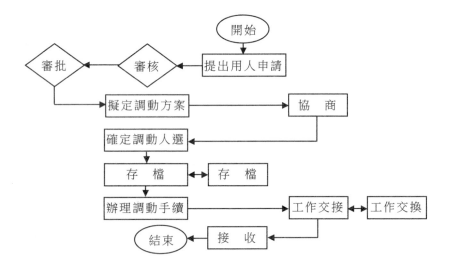

二、員工晉升的工作流程

圖 6-2-2 員工晉升管理工作流程

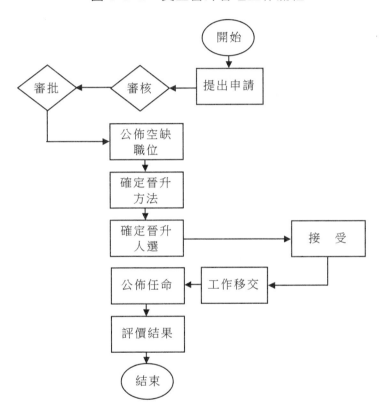

三、員工降級的工作流程

圖 6-2-3　員工降級工作流程

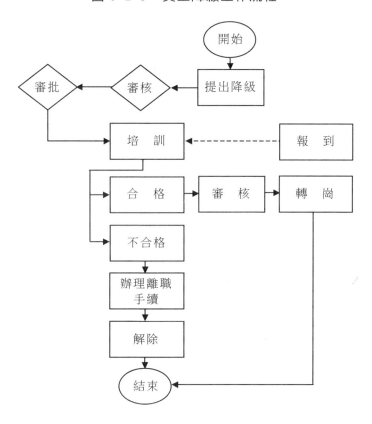

四、員工崗位輪換的工作流程

圖6-2-4　員工崗位輪換管理工作流程

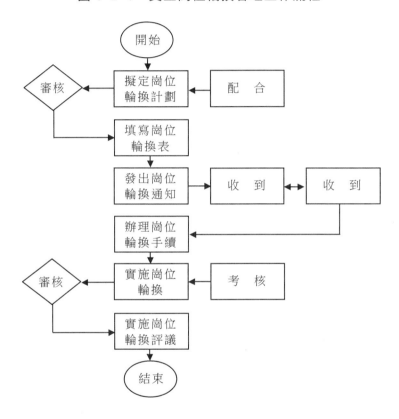

五、員工調入管理工作流程

圖 6-2-5　員工調入管理工作流程

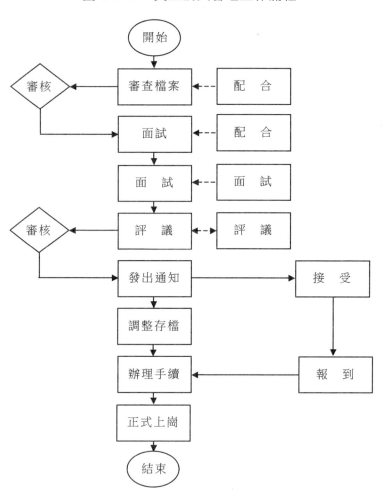

六、員工離職管理工作流程

圖 6-2-6 員工離職管理工作流程

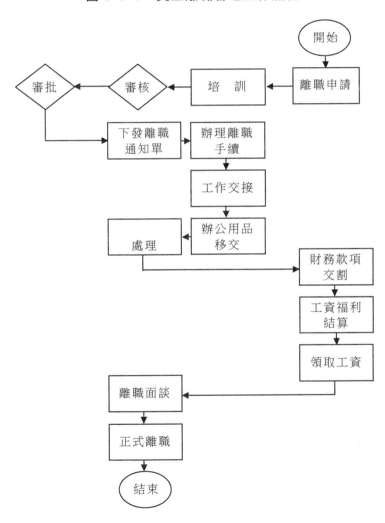

七、員工辭退管理工作流程

圖 6-2-7　員工辭退管理工作流程

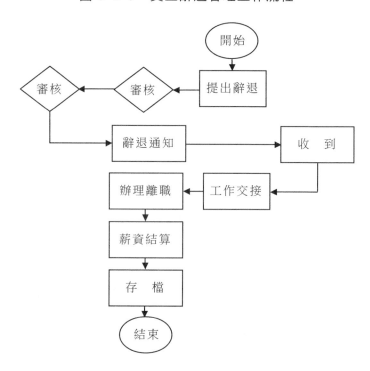

八、員工離職交接管理工作流程

圖 6-2-8　員工離職交接管理工作流程

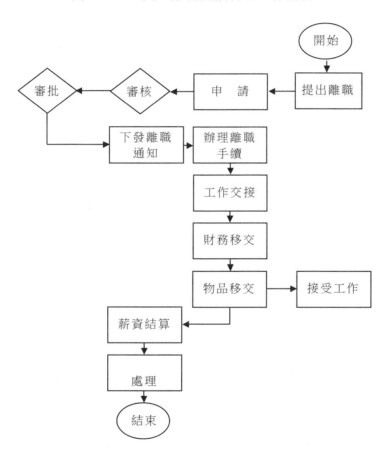

第三節　員工職位調動管理制度

　　人員的錄用、轉正、調薪、晉升降職、內部調動、離職等均涵蓋在人事異動的管理範圍之內。

一、人員調職管理制度

　　1. 調出人員，首先由本人提出申請，寫明調出理由，經本部經理簽署意見，上報人事部。

　　2. 經過人事部批准後，本人填寫申請調出表，辦理調出手續。

　　3. 人員調出後，人事部及時更改人員統計表，並將調出申請表、薪資停發單等歸檔。

　　4. 凡要求調入公司的人員，首先要填寫調入申請表，按公司用人需要和用人標準，由人事部與用人部門對其進行面試，瞭解其基本情況。

　　5. 人事部到申請調入人原所在單位閱檔，具體瞭解其全部情況。

　　6. 調人人員須進行體格檢查，檢查結果符合要求，由人事部開具調令。

　　7. 辦理調入手續包括：核定薪資，填寫員工登記表、薪資轉移單，更換工作證等內容。

　　8. 人事部和接收部門應及時填寫人員調入記錄，建立有關檔案。

二、員工調職制度

第一條　本公司基於業務上的需要，可調動任一員工的職務或服務地點，被調的員工如藉故推諉，概以抗命論處。

第二條　各單位主管依其管轄內所屬員工的個性、學識和能力，力求人盡其才以達到人與事相互配合，可填具人事異動單呈核派調。

第三條　奉調員工接到調任通知後，單位主管人員應於 10 日內，其他人員應於 7 日內辦妥移交手續就任新職。

前項奉調員工由於所管事物特別繁雜，無法如期辦妥移交手續時，可酌予延長，最長以 5 日為限。

第四條　奉調員工可比照出差旅費支給辦法報支旅費。其隨往的直系眷屬得憑乘車證明實支交通費，但以五日為限，搬運傢俱的運費，可檢附單據及單位主管證明報支。

第五條　奉調員工離開原職時應辦妥移交手續，才能赴新職單位報到，不能按時辦理完移交者呈准延期辦理移交手續，否則以移交不清論處。

第六條　調任員工在新任者未到職前，其所遺職務可由直屬主管暫代理。

三、員工晉升制度

1. 為提高員工的業務知識及技能，選拔優秀人才，激發員工的工作熱情，特制定晉升管理辦法。

2. 晉升較高職位依據下列因素：

(1)具備較高職位的技能。

(2)有關工作表現及操作。

(3)在職工作表現及操行。

(4)完成職位所需的有關訓練課程。

(5)具有較好的適應性和潛力。

3. 職位空缺時，考慮內部人員，在沒有合適人選時，考慮外部招聘。

4. 員工晉升分定期和不定期兩種。

(1)定期。每年×月及×日依據考核評分辦法（另行規定）組織運營狀況，統一實施晉升計劃。

(2)不定期。員工在年度進行評比中，對組織有特殊貢獻、表現優異者。得隨時予以提升。

(3)試用人員成績卓越者，由試用單位推薦晉升。

5. 晉升操作程式

(1)人事部門根據組織政策於每年規定期間內，依據考核資料協調各部門主管提出晉升建議名單，呈請核定。不定期者，則另做規定。

(2)凡經核定的晉升人員，人事部門以人事通報發佈，晉升者則以書面形式個別通知。

6. 晉升核定權限

(1)副董事長、特別助理、總經理由董事長核定。

(2)各部門主管，由總經理以上人員提議呈董事長核定。

(3)各部門主管以下各級人員，由各一級單位主管提議，呈總經理以上人員核定，報董事長覆核。

(4)普通員工由各一級單位主管核定，報總經理以上人員覆核，並通知財務部門和人事部門。

7. 各級職員接到調職通知後，應於指定日期內辦妥移交手續，就任新職。

8. 凡因晉升變動其職務，其薪酬由晉升之日起重新核定。

9. 員工年度內受處罰未抵消者，次年不得晉升職位。

10. 本辦法於××××年×月×日正式生效。

四、員工晉升管理細則

1. 公司因業務發展需要或在編制上出現空缺職位時，由各部門主管人員提拔具有該項資格的人員，經人事科評核該員工的考績、職務執行能力、出勤率、貢獻程度等評估要項之後，依晉升資格評核規定辦理。

2. 員工晉升資格的評核權限，應按「評核資格權限表」的規定，由各部門具備評核資格的人員加以評定。

3. 凡具晉升主管職位的資格者，依「主管職位資格表」的規定加以評定。

4. 主管職位代理與兼任

⑴主管職位空缺時，若暫未選出適任資格人員，可暫由低一職等適任資格人員代理，待代理人員的資格通過人事科評核後，始具有正式主管資格。

⑵主管職位出現空缺且無適任資格人員可代理其職務時，可由同職等或高一職等、高一職位的人員兼任。

⑶代理或兼任期間的職位津貼依代理職位的八折計算，其餘津貼事項由比照代理職位辦理。

5. 晉升辦法

⑴晉升辦法原則上每年舉辦一次，並由人事科統一評核。

⑵近兩年內曾留職停薪(含產假)達兩個月以上的員工,原則上不在晉升評核範圍之內。

⑶當年度公司在編制上已無空缺職位時,人事科可根據實際需要呈請總經理批核後。全部或局部停辦當年度的晉升。

6. 員工晉升後的薪資調整須視其晉升的職位類別,從晉升的當月起調整其薪資,除應調整基本薪資外,還要從下一個薪資支給日起,就其調整職位後的工作日數,給付調整後的職位津貼。

7. 有關晉升的評核標準除以上規定外,如有未盡事宜,則請參照本公司人事管理規章的規定辦理。

五、職員停職管理制度

(一)停職事由
職員由於下列原因之一,得在一定期間內停職:

1. 本公司認為對業務有必要的。

2. 非由於業務原因的傷病,已請病假且停發薪資後經 3 個月仍未痊癒者。

3. 由於其他原因而有停職之必要者。

(二)停職期間

1. 停職期間原則上規定如下:

⑴非由於業務原因的傷病,經核准停職者:

①服務未滿 1 年者可停職 3 個月。

②服務滿 1 年以上 5 年以下者可停職 6 個月。

③服務 5 年以上者可停職 1 年。

⑵由於其他原因者按必需期間辦理。

(三)其他規定

1. 職員停職期間得由本公司視業務需要而令其複職。

2. 職員在停職期間屆滿時，如未接獲本公司複職通知，自期間屆滿之翌日起，即視同自動解除任用關係。

3. 停職期間不計入服務年資內。

4. 職員停職期間，原則上免支薪資。如由於本公司的需要而命令其停職時，則是否支付薪資，由總經理辦公室決定。

六、留職停薪管理制度

1. 員工有下列情況之一者，應簽請留職停薪：

⑴久病不愈，逾 30 天者。

⑵因特殊事故，呈請核准者。

2. 留職停薪期間以 1 年為限，但經公司總經理特准者除外。

3. 留職停薪期間年資不計，但服兵役者不在此限。

4. 留職停薪期滿後未辦理複職者，視為離職。

5. 員工於留職停薪期間擅就他職經查明屬實者，予以免職。

七、職員退休規則

1. 總則

本公司為鼓勵職員長期服務，並維護退休職員權益，特制定本規則。

2. 適用範圍

本規則適用於一般職員，但訂有一年以內期間的僱用契約者除外。

3.種類

⑴正常退休——屬於下列情形之一者：

①服務 5 年以上，年齡滿 60 歲。

②服務滿 25 年以上。

⑵早期退休——服務 20 年以上，年齡滿扣歲。

⑶延期退休——合正常退休條件後，經總經理室認為必要時予以核定，可逐年延長服務期間，至年齡滿 60 歲為止。

⑷命令退休——屬於下列情形之一者：

①年齡滿 60 歲。

②正延期退休中，因心神喪失或因身體殘廢不能勝任職務。

4.退休金的給付

⑴退休金的種類：

①一次退休金。

②一次退休金及年金。

服務 15 年以上者，由退休職員就上列二種任擇一種，但確定後不得變更。服務 5 年以上未滿 15 年者僅可採用第一種。

⑵基數——以退休職員最後 6 個月的薪金，包括底薪及職務津貼的總數，以該期間總日數乘以 50，為一個基數。服務滿 5 年者，給付 10 個基數，每增 1 年加付 2 個基數。滿 15 年時，給付 30 個基數，滿 15 年至滿 25 年止，每增 1 年加付　5 個基數。滿 25 年以後每增 1 年加付 1 個基數，最高以 60 個基數為限。以於延期退休期間，其年資滿 40 年以後，每增 1 年加付 1 個基數。

⑶年金——採用一次退休金及年金時，除給付一次退休金 15 個基數外，另給付年金。服務滿 15 年者，年金之月額按 1 個基數的 16%計算，以後逐年增加，如附表基數表所列。

⑷早期退休——在達到正常退休年齡以前，每提前一年減少基

數 4%。

5. 退休金的加發

⑴退休職員在服務期間對本公司業務有特殊貢獻而功績昭著者，可經總經理室擬定提請董事長及副董事長核定，酌予加發退休金。

⑵本規則第三條第 4 項第 2 款規定的退休職員，其心神喪失或身體殘廢系因公傷病所致者，一次退休金依照第四條第 2 項加付 20%，年金一律按一個月基數的 50%給付。其服務未滿 5 年者以 5 年計。

6. 傷病的認定

⑴本規則第三條第 4 項第 2 款所稱的心神喪失或身體殘廢，以勞工保險殘廢給付標準表所定者為准。

⑵本規則第五條第 2 項所稱的因公傷病系指有下列情形之一者而言。

①因執行職務所生的危險而致傷病者。

②因特殊職業病者。

③在工作處所遭受不可抗力的危險而致傷病者。

7. 服務年資的計算

⑴服務年資系按進入公司的月份起至退休之日止計算。退休之日以職員退休的月份為准。未滿一年的尾數，其為 6 個月以上者以 1 年計算，不滿 6 個月者以半年計。

⑵屬於下列各項期間，不予計入服務年資：

①屬於一年以內期間的僱用契約期間。

②停職期間，但非因公傷病，請假在二個月以內者，不受此限。

8. 年齡的認定

依據身分證或戶口謄本所記載的人事資料為準。

9. 給付期間

一次退休金於職員經核准退休，辦妥離職手續後即予給付。

10. 年金的給付期間及調整

本公司調整職員薪金時，年金亦比照底薪部份調整。

11. 早期退休的核准

職員早期退休者須總經理室指定或經申請核准。未經核准而離職者，以辭職或解聘論，其退職金依照本公司「職員退職金給付規則」的規定給付。

12. 年金的轉讓與轉換

⑴退休職員支領年金的權利不得轉讓他人。

⑵退休職員支領年金者，於本公司因故未能繼續經營或轉移其他公司經營時，依其服務年資，並按本規則第四條第 2 項的規定換算一次退休金基數，對已領的一次退休金及年金應全額扣除。

13. 年金的停止

支領年金之退休職員死亡時，其支領年金的權利應即停止。

14. 獎金的給付

退休職員服務最後一日歷年的獎金仍予給付。如為上半年內退休者，其夏季獎金按實際服務月數比例給付；如為下半年內退休者，其冬季獎金亦按實際服務月數比例給付。服務月數按十足計算，即未滿一個月部份不計。獎金給付時間與本公司在職職員相同。

15. 晉升職員的處理

由工友晉任職員者，其在工友年資部份，應辦理資遣，不再並入職員年資。工友年資部份資遣費的計算，依照「工人受僱解僱辦法」辦理。

16. 不適用的規則

本規則實施後本公司「職員退職金給付規則」仍屬有效，但不

適用於職員退休。

17.附則

本規則提經本公司董事會核准後實施，修改時亦同。

第四節　企業的保密制度

企業的機密事項，很容易被揭開，一旦被揭開了，企業就什麼都沒有了。而這可能是企業投資十幾個億、二十幾個億之後得到的東西。

一份全面的保密制度能夠幫助企業靈活操作，規避這種風險，設計一份合法有效並全面的保密制度是每個企業的當務之急。

對於處於企業關鍵崗位員工，涉及公司商業機密的，視情況決定是否簽訂競業限制協定，以明確離職後是否要履行其競業限制的義務。

保密費用是企業為了要求員工保守商業秘密所支付的費用，當員工洩密時，公司可以根據約定要求其返還保密費用。

保密制度中的條款必須合法、清晰、明白，沒有歧義。其次，企業在制定保密制度的時候，要遵循公平合理的原則，能夠兼顧雙方的利益。

明確員工離職之後對公司的商業秘密仍然有保密的義務。

當事人應當遵循公平原則確定雙方的權利和義務。所以，雖然用人單位有權採取措施保護企業的秘密不被洩露，但在訂立保密制度時也要注意不能侵害員工的合法權利。

一份內容合法、完善的保密制度，不僅可以使用人單位避免不

必要的損失，還可以在糾紛發生時，為企業維護合法權益提供有效途徑和依據。

確定保密的範圍、分類並劃分等級。企業商業秘密的範圍，是確定本企業商業秘密事項的依據和標準，由於企業、單位經營性質和領域不同，經營活動中產生的事物也不盡一致，所以，每個企業都可以結合實際制定本企業自己的商業秘密範圍，明確那一類事項是本企業的商業秘密，例如專利技術資料、銷售數據、圖紙文檔、客戶名單等，只要公司認為是比較重要的事項，均可列入商業秘密之中。沒有被列入的資料，一般情況下，很難獲得法律的認可。認定「商業秘密」的範圍非常重要，因為這關係到對案件的定性，而且涉及賠償的數額，所以企業一定要對此加以重視。

那些人需要負有保密義務？這也是公司需要慎重考慮的問題。每個崗位的員工接觸到公司的信息量和內容不盡相同，公司應當明確，何種員工適用保密制度。更何況一些保密措施是需要公司支出成本的，所以慎重考慮保密政策適用的範圍，也是控制公司成本的一種表現。

在實際操作中，公司可以在保密制度中明確，合約中約定保密義務的員工適用該制度。如此公司就只需在簽訂合約時考慮是否需要員工負保密義務即可。

保密義務的履行方式可以分為很多種，公司可以根據自身的需要選擇。例如規定不得將機密資料帶離工作範圍、不得向第三方透露、不得允許他人使用、採取技術措施加密、離職前必須經過脫密期……這些方式公司都可以考慮採用，不過應當注意選擇的方式應符合法律的規定。這裏要提醒廣大企業注意的是：如果約定了脫密期作為保密措施的話，那麼就不能再與員工約定離職後的競業限制期限。反之亦然。

確立違規的罰責，這一部份可以說是整個保密制度的核心重點，可以跟企業內部的獎懲制度結合起來設計。雖然保密制度的目的是為了預防公司利益的受損，但不等於給商業秘密上了「萬能險」。一旦發生秘密洩露，公司就需要盡可能地減少損失。所以在保密制度中確立如何處理員工的洩密行為，就是有效降低公司損失的好方法。

第五節　人事檔案管理制度

一、人事檔案保管制度

1. 目的

第一，保守檔案機密。現代企業競爭中，情報戰是競爭的重要內容，而檔案機密便是企業機密的一部份。對人事檔案進行妥善保管，能有效地保守機密。

第二，維護人事檔案材料完整，防止材料損壞，這是檔案保管的主要任務。

第三，便於檔案材料的使用。保管與利用是緊密相連的。科學有序的保管是高效利用檔案材料的前提和保證。

2. 人事檔案保管制度的基本內容

建立健全保管制度是對人事檔案進行有效保管的關鍵。其基本內容大致包括五部份：材料歸檔制度、檢查核對制度、轉遞制度、保衛保密制度、統計制度。

(1)材料歸檔制度。新形成的檔案材料應及時歸檔，歸檔的大體

程式是：首先，對材料進行鑑別，看其是否符合歸檔的要求；其次，按照材料的屬性、內容，確定其歸檔的具體位置；再次，在目錄上補登材料名稱及相關內容；最後，將新材料放入檔案。

(2)檢查核對制度。檢查與核對是保證人事檔案完整、完全的重要手段。檢查的內容是多方面的，既包括對人事檔案材料本身進行檢查，如查看有無黴爛、蟲蛀等，也包括對人事檔案保管的環境進行檢查，如查看庫房門窗是否兒好，有無其他存放錯誤等。

檢查核對一般要定期進行。但在下列情況下，也要進行檢查核對：

①突發事件之後，如被盜、遺失或水災、火災之後。

②對有些檔案發生疑問之後，如不能確定某份材料是否丟失。

③發現某些損害之後，如發現材料變黴，發現了蟲蛀等。

(3)轉遞制度。轉遞制度是關於檔案轉移投遞的制度。檔案的轉遞一般是由工作調動等原因引起的，轉遞的大致程式如下：

①取出應轉走的檔案；

②在檔案底賬上登出；

③填寫《轉遞人事檔案材料通知單》；

④按發文要求包裝、密封。

在轉遞中應遵循保密原則，一般通過機要交通轉遞，不能交本人自帶。另外，收檔單位在收到檔案，核對無誤後，應在回執上簽字蓋章，及時退回。

(4)保衛保密制度。具體要求如下：

①對於較大的企業，一般要設專人負責檔案的保管，應備齊必要的存檔設備。

②庫房備有必要的防火、防潮器材。

③庫房、檔案櫃保持清潔，不准存放無關物品。

④任何人不得擅自將人事檔案材料帶到公共場合。

⑤無關人員不得進入庫房，嚴禁吸煙。

⑥離開時關燈關窗，鎖門。

⑸統計制度。人事檔案統計的內容主要有以下幾項：

①人事檔案的數量。

②人事檔案材料收集補充情況。

③檔案整理情況。

④檔案保管情況。

⑤利用情況。

⑥庫房設備情況。

⑦人事檔案工作人員情況。

二、人事檔案利用制度

(一)目的

1. 建立企業人事檔案利用制度是為了高效、有序地利用檔案材料。檔案在利用過程中，應遵循一定的程式和手續，保證企業檔案管理秩序。

2. 建立企業人事檔案利用制度也是為了給檔案管理活動提供規章依據。工作人員必須按照這些制度行事，這是對企業工作人員的基本要求。

(二)企業人事檔案利用的方式

1. 設立閱覽室。閱覽室一般設在人事檔案庫房內或靠近庫房的地方，以便調卷和管理。這種方式具有許多優點，如便於查閱指導，便於監督，利於防止洩密和丟失等。這是人事檔案利用的主要方式。

2. 借出使用。借出庫房須滿足一定的條件，例如：本機關主管

需要查閱人事檔案；部門因特殊需要必須借用人事檔案等。借出的時間不宜過長，到期未還者應及時催還。

3.出具證明材料。這也是人事檔案部門的功能之一。出具的證明材料可以是人事檔案部門按有關檔規定寫出的有關情況的證明材料，也可以是人事檔案材料的複製件。

(三)人事檔案利用的手續

在通過以上方式利用人事檔案時，必須符合一定的手續。這是維護人事檔案完整安全的重要保證。

1. 查閱手續。

正規的查閱手續包括以下內容：

(1)由申請查閱者寫出查檔報告，在報告中寫明查閱的對象、目的、理由，查閱人的概況等情況；

(2)查閱單位(部門)蓋章，負責人簽字；

(3)由人事檔案部門審核批准。人事檔案部門對申請報告進行審核，若理由充分，手續齊全，則給予批准。

2. 借手續。

(1)借檔單位(部門)寫出借檔報告，內容與查檔報告相似。

(2)借檔單位(部門)蓋章，負責人簽字。

(3)人事檔案部門對其進行審核、批准。

(4)進行借檔登記。把借檔的時間、材料名稱、份數、理由等填清楚，並由借檔人員簽字。

(5)歸還時，及時在外借登記上註銷。

3. 出具證明材料的手續。

單位、部門或個人需要由人事檔案部門出具證明材料時，需履行以下手續：

(1)由有關單位(部門)開具介紹信，說明要求出具證明材料的理

由，並加蓋公章；

(2)人事檔案部門按照有關規定，結合利用者的要求，提供證明材料；

(3)證明材料由人事檔案部門有關主管審閱、加蓋公章後，登記、發出。

三、人事資料管理制度

1. 各種人事命令、通知公佈一週後，連同該案核准憑證合併歸檔。

2. 每月初依據人員異動記錄簿編制「人事異動月報表」，呈核閱後，列人人事流動率檢查依據。

3. 人事部門應於每月 10 日編制各主管名冊，送守衛或總機備查（如未異動可具文報備）。

4. 員工若有需要「服務證明書」或「離職證明書」，可至人事部門說明申請理由，由經辦人填寫證明，轉秘書室蓋印。

5. 人事部門應備檔案包括下列：

(1)人事異動案。

(2)人事獎懲案。

(3)人事考績案。

(4)人事訓練案。

(5)人事規章案。

(6)人事勤務案。

(7)人事報表案。

(8)福利案。

(9)文康活動案。

(10)涉外事件案。

(11)收發文登記簿。

四、員工人事檔案管理規定

1.人事檔案的內容

員工人事檔案是關於員工個人及有關方面歷史情況的材料。其內容主要包括：

(1)記載和敍述員工本人經歷、基本情況、成長歷史及思想發展變化進程的履歷、自傳材料；

(2)員工以往工作或學習單位對員工本人優缺點進行的鑑別和評價，對其學歷、專長、業務及有關能力的評定和考核材料；

(3)對員工的有關歷史問題進行審查、甄別與復查的人事材料；

(4)記載員工違反紀律或觸犯國家法律而受到處分及受到各級各類表彰、獎勵的人事材料。

2.人事檔案保密規定

公司人事部對接收員工原單位轉遞而來的人事檔案材料內容，一概不得加以刪除或銷毀，並且必須嚴格保密，不得擅自向外擴散。

3.員工個人情況變更規定

(1)員工進入公司後，由員工本人填寫《員工登記表》，其內容包括員工姓名、性別、出生年月、種族、籍貫、文化程度、婚姻狀況、家庭住址、聯繫電話、家庭情況、個人興趣愛好、學歷、工作經歷、特長及專業技能、獎懲記錄等專案。

(2)專案內容如有變化，員工應以書面方式及時準確地向人事部報告，以便使員工個人檔案內有關記錄得以相應更正，確保人事部掌握正確無誤的資料。

4.員工人事檔案的使用

員工人事檔案為公司管理的決策部門提供各種人事方面的基本資料，並為人事統計分析提供資料。公司人事決策人員可以通過對有效資料的分析，瞭解公司人員結構的變動情況，為制定公司人力資源發展規劃提供依據。公司要認真做好員工檔案材料的收集、鑑別、整理、保管和利用，充分發揮員工檔案材料的作用，為公司人力資源的規範化管理奠定扎實的基礎。

五、員工培訓檔案管理辦法

1.員工培訓檔案的內容

(1)員工培訓檔案是對員工自進入公司工作開始所參與過的各種培訓活動的詳細記錄。

(2)員工的培訓記錄內容包括：

①凡是有經過各式培訓者，每人都應建立一張「員工培訓卡」，加以明確記錄其培訓事實。

②在職前訓練中，該員工接受各種專業培訓課程的課程名稱、內容、時間、出勤記錄，參加有關考試的試卷，培訓員對該員工的培訓評估以及員工參加職前訓練後的心得體會或總結報告等；

③在崗位培訓中，員工參與的專業或外語的訓練課程考勤記錄、課程情況、考試成績、評估表格、總結報告等；

④在工作期間，員工自費參加社會上舉辦的各類業餘進修課程的成績報告單與結業證書影本等有關材料。

2.員工培訓檔案的使用

(1)員工培訓檔案將與其工作檔案一起被公司人事部作為對員工晉升、提級、加薪時的參考依據。

(2)員工的培訓檔案也是公司人事培訓部發掘與調配人才的原始依據。

第六節　員工離職管理辦法

一、員工解職規定

第一條　本公司員工的解職分為「當然解職」、「退休」、「辭職」、「停職」、「資遣」及「免職」或「解僱」六種。

第二條　本公司員工死亡為「當然解職」。「當然解職」得依規定給恤。

第三條　本公司員工退休給予退休金，其辦法另定。

第四條　本公司員工自請辭職者，應於請辭日 30 天前以書面形式申請核准，在未奉核准前不得離職，擅自離職者以曠工論處。

第五條　本公司員工有下列情況之一者，可命令停職。

1. 保證人更換期間，所屬一級單位主管認為有必要停職者；

2. 因病延長假期超過 6 個月者；

3. 觸犯法律嫌疑重大而被羈押或提起公訴者。

第六條　命令停職者遇到下列情況，酌情予以處理：

1. 因換保停職者，自停職日起 15 天內未辦妥換保手續者，予以免職或解僱。

2. 因病命令停職者，自停職日起 6 個月內未能痊癒申請複職者資遣或命令退休。

第七條　本公司員工於停職期間，停發一切薪金，其服務年限

以中斷計。

第八條　本公司因實際業務需要或資遣有關員工，其辦法另定。

第九條　本公司員工離職，除「當然解職」及「命令解職」未能辦理交接手續者外，均應辦理交接手續，經各部門接交人簽准後才能離職。

二、職員辭職及解職制度

1.辭職

⑴職員擬自請辭職時，應於 1 個月前向本公司提出申請（申請書內應載明辭職原因）。

⑵申請未經本公司核准前，應繼續服務，不得先行離職。

2.職員退休依照有關規定辦理。

3.解聘

職員由於下列原因之一，得由本公司於 10 天前通知解聘。

⑴精神或機能發生障礙，或身休虛弱、衰老、殘廢等，經本公司認為不能再從事工作者。

⑵行為或服務成績欠佳，經本公司認為不適宜於工作者。

⑶由於其他類似原因，或業務上之必需者。

惟因應職員本人負責的事故，而予遣散者，不予給付任何補償金。

4.任用關係的停止

職員由於下列原因之一，即予停止任用關係：

⑴死亡。

⑵申請辭職獲准。

⑶因受懲戒而解聘。

⑷屆滿退休年齡。

⑸停職期間屆滿後未接獲複職通知。

⑹有聘用期間的約定，其期間屆滿時。

⑺由於其他原因而解聘者。

5.退職金

有關退職金給付的規定另訂。

三、員工辭職管理制度

1. 員工在合約期內要求辭職，須提前一個月通知或交付一個月的基本薪資代替通知，並以書面的形式向有關部門經理申請。

2. 經人事部、總經理批准並在一週內辦妥有關手續，方可離職。逾期不辦者作自動離職處理。

3. 員工在未辦理離職手續前，必須堅守崗位，照常上班，否則按《員工守則》的有關條款處理。

4. 經公司送外培訓的員工，在合約期內辭職，必須賠償全部培訓費和賠償經濟損失。

四、員工離職審批的流程

離職程序是整個離職管理制度中的關鍵，也是減少爭議發生的一個重要環節。

1. 員工自己提出離職的情況

對於員工自己提出離職的員工，應當提前直接向上級主管提交書面辭職報告，由主管簽字後，及時上交人力資源部備案，並辦理相關工作交接事宜。

企業要強調，只要員工以非書面的形式向上級主管提出離職的，一概不予理睬

如果員工以口頭、E-mail、短信等形式表示離職的，公司一概不予理睬。因為這些形式的證據很難採集，證據效力又不高。如果公司一收到員工的非書面離職通知後，就開始讓員工辦理交接，然後又按照規定給員工辦理退工手續，員工又反悔了，說郵件、短信都不是自己發的，然後反咬公司一口說公司違法解除，向公司索要雙倍的賠償金或者要求恢復工作關係，到時候公司就有理說不清了。

員工提出離職的，應當向上級主管提出。第一，是方便上級主管第一時間瞭解員工的離職信息，以便主管採取措施挽留。第二，如果員工執意要走、無法挽留的，那麼上級主管可以及時安排工作交接的事宜。第三，應當在制度申明確，主管人員不作為的後果，即如果上級主管擅自將離職報告藏匿，未及時上交至人力資源部備案或者拒不簽字的，應當追究相關人員的責任；因此給公司造成損失的，應當承擔賠償責任。

2.由公司提出解除工作合約的情況

只要符合規定的情形，公司就可以根據規定和員工解除工作關係。法定的單方解除有兩個關鍵點：證據，流程。很多人力資源管理都有這樣的經歷，被部門經理冷不防地通知要求處理掉某某員工，而且還是不管你用什麼方法，一定要處理掉，更有甚者還要求成本不能太高，原因是部門運營基金有限。

和「問題員工」的長期心理拉鋸戰。談、談、談。運氣好的，揪出漏洞，成功解決。運氣不好的，只能不斷在商言商，協商解決。

在離職管理的制度中，首先要明確的就是上級管理人員在日常管理中的職責以及在離職、違紀員工處理時的積極協助義務。這是在處理問題員工過程中，能讓企業轉被動為主動的關鍵。

直接上級管理人員瞭解該員工性格，又和員工朝夕相處，所以通常能第一個發現問題的就是直接管理人員，最容易收集到相關證據的也是直接管理人員。因而在處理涉及解除工作合約的問題員工的時候，直接管理人員有著義不容辭協助提供證據的責任。

同時，為了避免直接管理人員「一手遮天」，不經人事部門擅自解除部門員工，建議在制度中明確管理人員和人事在處理具體問題時的角色分工，以及若發生擅自解除工作合約的後果，從而避免不必要的用人風險。即實際用人部門(直接管理人員)發現員工出現問題欲處理時，應當首先收集證據，然後將相關證據和問題處理建議一起回饋到人事部門。由人事部門經核實、參考當地法律法規後做出決策參考意見，然後雙方一起協商決定如何處理。

3.協商式解除工作合約

在協商解除時，員工很清楚企業沒證據才找自己談。企業也很明確，沒證據才放下姿態找員工協商。於是雙方在各懷鬼胎的情況下，漫無邊際地討價還價，直到雙方意見達成一致。討價還價的核心永遠只有一個，那就是補償金。

「Money 談妥，一切 OK。」接下來企業只要將協商確定下來的東西形成一份書面的解除合約協議書，然後讓員工簽字即可。

五、員工解僱、辭退處理制度

1.因公司業務情況或方針有變而產生冗員及員工不能勝任工作而又無法另行安排者，公司有權予以解僱；

2.解僱需提前一個月書面通知其本人，或發給一個月基本薪資代替此項通知；

3.根據員工在本公司具體工作時間，每滿一年發給一個月的基

本薪資；

4. 公司員工離職都應辦妥離職手續，否則公司不予提供該員工的任何有關人事資料或凍結其名下薪資，必要時採取法律途徑追討公司損失；

5. 員工因違反公司規章制度，經教育或警告無效，公司可以馬上辭退。無須提前一個月通知本人。

六、離職移交管理制度

工作交接是離職管理裏面的重要一環，因為它的成效將直接影響公司後續工作的開展。

很多企業把精力放在如何把員工處理掉，忽視了工作交接的重要性。以至於等到員工離職後，出現交接不到位、文件找不到、項目細節交代脫節影響進度等問題的時候，再追究員工的責任已經來不及了。

1. 各級主管人員及業務承辦人員因故離職時，應將所負責的公物及經辦事務逐件列具清冊，在監交人監督下點交接任的人員，並會同接任人員提出移交報告書。

2. 移交時應造清冊名稱如下：

⑴印章戳記清冊。

⑵所屬人員薪資單冊。

⑶未辦或未了重要案件目錄。

⑷保管文卷目錄。

⑸職責事務目錄。

⑹上級指定專案移交事項清冊。

⑺保管圖書清冊。

3.移交手續未辦清者不准離職。

4.離職手續未辦清自動離崗者，扣押金，由此造成公司損失者，承擔相應責任。

七、離職財務結算管理辦法

1.財務結算

員工辦理完工作移交、離職結算手續後，憑員工資料結算、人力資源總監批准的〈離職手續表〉到財務部相關部門辦理安全退休金、股金、職工內部帳戶結算手續，後轉交財務部綜合業務處，由其根據公司有關制度辦理離職財務結算，結算辦理完畢後，到職工基金會辦理銷戶。

2.需離任審計者，按公司規定正常辦理手續

需離任審計者，財務部將其擔保金額結算後全部轉入內部基金會，並按銀行的活期利息，待其審計期滿，持審計部批准的《審計合格通知書》到職工基金會提取其擔保金額，或財務部將此款轉入其指定帳號。

(1)自動離職、除名

對於此類人員，公司不再為其結算獎金。股金按本人在公司的承諾自動轉在其個人帳戶。

(2)辭職、合約期滿不再續簽、勸退、辭退

按公司規定正常辦理完離職手續，符合獎金評定條件者，由其離職前所在管理部在第二年獎金評定後，書面通知財務部，由財務部根據公司有關規定結算後，將其獎金轉入其指定的銀行帳號。

3.各類人員的補助或罰金

(1)勸退、辭退

按公司規定辦理完相關離職手續後，公司根據員工在公司的連續工作年限，不滿半年者發給半個月薪資的補助金，超過半年不到一年者，發給一個月薪資的補助金，每滿一年者，發給一個月薪資的補助金，但最多不超過 12 個月薪資。

包括公司有關部門及主管暗示，而員工自己提出辭職的，享有同等補償金。

(2)合約期滿公司提出不再續簽勞動合約。

按公司規定辦理完相關離職手續後，公司可發給一個月薪資的補助金。

(3)辭職、合約期滿員工提出不再續簽勞動合約。

此類情況，公司不發補助。若辭職有違員工最初對公司的承諾，並對公司造成損失者，公司有權收取違約金，具體金額以員工當時所簽合約為標準。

(4)除名、自動離職

公司不發補助金，並視造成的損失情況收取一定罰金。

八、交接管理制度

1. 本公司員工交接分為：

⑴主管人員交接。

⑵經管人員交接。

2. 稱主管人員者為主管各級單位的人員。稱經管人員者為直接經管財物或事務的人員。

3. 主管人員應就下列事項分別造冊辦理移交。

⑴單位人員名冊。

⑵未辦及未了事項。

⑶主管財務及事務。

4.經管人員應就下列事項分別造冊辦理移交。

⑴所經管的財物事務。

⑵未辦及未了事項。

5.一級單位主管人員交接時應由公司負責人派員監交，二級單位以下人員交接時可由該單位主管人員監交。

6.本公司員工的交接，如發生爭執應由監交人述明經過，會同移交人及接收入擬具處理意見呈報上級主管核定。

7.主管人員移交應於交接日將第三條規定的事項移交完畢。

8.經管人員移交應於交接日將第四條規定的事項移交完畢。

9.主管人員移交時應由後任會同監交人依移交表冊逐項點收清楚，於前任移交後 3 日內接收完畢，檢齊移交清冊與前任及監交人會簽呈報。

10.經管人員移交時，應由後任會同監交人依移交表冊逐項點收清楚，於前任移交後 3 日內接收完畢，檢齊移交清冊與前任及監交人會簽呈報。

11.各級人員移交應親自辦理，其因特別原因，經核准得指定負責人代為辦理交接時，所有一切責任仍由原移交人負責。

12.各級人員過期不移交或移交不清者得責令於 10 內交接清楚，其缺少公物或致公司受損失者應負賠償責任。

九、員工離職制度

1. 員工有下列情況之一者，應予停職：

⑴有違犯本公司規章之嫌疑，情節重大，但尚在調查之中，未作決定者。

⑵違犯刑事案件，經司法機關起訴，判刑尚未確定者。

2. 前條第 1、2 款如經查明，無過失或判決無罪者，可申請複職，如准予複職，除因非本身過失而致停職者外，不得要求補發其停職期間的薪資。

3. 在停職期間，薪資停發，並應即辦理移交。

4. 本公司因業務緊縮，或因不可抗力停工在一個月以上者，可隨時裁遣人員，但解僱人員時，應在事前預告，其預告期間規定如下：

⑴在公司服務一年以下、三個月以上者，於 10 日前預先通知。

⑵在公司服務三年以下、一年以上者，於 20 日前預先通知。

⑶在公司服務三年以上者，於 30 日前預先通告。

員工對於其所承受之工作不能勝任時，本公司亦可隨時解僱，並照上項規定日期預先通告。

5. 員工在接到前項預告後，如另謀工作可以於工作時間請假外出，但每星期不得超過兩日之工作時間，其請假日之薪資照發。

6. 依照規定，解僱人員時，除預告期間發給薪資外，並依下列規定，加發資遣費(但如系公司發生破產情況，依破產法辦理，不在此限)：

在公司連續工作滿一年者，發給一個月薪資。

以上所稱薪資，系以員工最後服務月份之薪資為准。

7. 員工辭職，應於 7 天前以書面形式呈轉公司主管人員核准，事後彙報總經理核准。其為副經理以上人員者，應呈轉總經理核准。核准辭職後，應即辦妥移交，並可依其申請，發給離職證明書，但不發給任何補助或津貼。如離職未經核准，或移交不清，即擅自離職者，以免職處理。

8. 職員不論依照上列任何條款暫時或永久離開本公司者，均應辦妥移交，如因移交不清，致本公司發生損害者，均應依法追究其賠償責任。

十、員工離職處理細則

1. 本辦法是依據人事管理規則的規定訂立。

2. 本公司職員經解職或調職時應辦理移交，除另有規定外悉依本辦法辦理。

3. 本公司職員的移交分下列級別：

(1)主管人員：是指部經理、室主任、科(股長)。

(2)經管人員：是指直接經管某種財務或某種事務的人員。

4. 移交事項規定如下：

(1)造具移交清冊或報告書(格式另定)。

(2)繳還所領用或保管的公用物品(簿冊、書類、圖表、文具、印章、輪鎖等)。

(3)應辦未辦及已辦未結案應交代清楚。

(4)其他應專案移交事項。

5. 主管人員的移交清冊應由各該層次人員或經管人員編造，經管人員移交清冊應自行編造，並均由各有關人員加蓋印章，做成三份，一份送人事科，另兩份分別由移交人和接管人留存。

6. 移交清冊應合訂一冊,移交人、接管人、監交人應分別簽名蓋章,監交人在科由主管科長辦理,部科長以上人員由經理辦理,經理、協理由副總經理或派專人辦理。

7. 各級人員移交應親自辦理,倘是調任或重病或其他特別原因不能親自辦理時可委託有關人員代為辦理,對所有一切責任仍由原移交人員負責。

8. 前任人員在規定或核准移交期限屆滿,未將移交表冊送齊,致使後任無法接收或短交遺漏事項經通知仍不依限補交者,應由後任會同監交人員呈報以逾期不移交或移交不清論,徇情不報的,應予論處。

9. 後任核對或盤查交案,發現虧短舞弊時應會同監交人員或單獨揭報上級主管,倘有隱匿,並予議處外,應與前任負連帶賠償的責任。

10. 本辦法經董事長核准後施行,修改時亦同。

第七節 （案例）企業如何對待離職員工

美國哈尼根公司的總裁曾經說過:「如果僱員桌子上一台價值2000美元的台式電腦不見了,公司一定會對此展開調查。但是如果一位掌握著各種客戶關係、年薪10萬美元的經理被競爭對手挖走,就不會進行調查,員工們也不會被叫去問話。」

有許多公司已經認識到他們正在失去一些優秀分子,但他們不知道是那些人離開了,也不知道為什麼離開,甚至連他們去了那裏都不知道。這些公司一方面再不斷招人,另一方面人才不斷的流失

卻不知其因。事實上他們很少去主動傾聽來自辭職員工對公司的看法。但在麥肯錫，這種情況就要好多了。對於離職員工的對企業不滿的理由，麥肯錫的管理者們會儘量與其進行面談，瞭解其離職的真正原因。與在職人員相比，即將離職的員工在談及對管理模式、工作環境和職位評價之類問題時的顧慮要少得多。當然麥肯錫深諳此道，因此把離職員工當成公司的寶貴財產來對待。

雖然大家都認識到在充滿誘惑和變幻的社會，即使企業嘗試過所有的辦法留住人才，但還是會有人離開公司。無論是對公司還是對僱員來說，「終生員工」的概念都是不太現實的。但是，在許多管理者來看，員工在離開公司的同時也脫離了與企業的一切聯繫，他們不再為公司創造財富，公司應該將更多的注意力放在現有和潛在員工的管理和激勵上。而麥肯錫卻始終把離職人員當成公司的一部份寶貴的財富。

首先，在對待離職員工的面談上，麥肯錫會儘量營造一個比較輕鬆隨意的談話氣氛，使員工認為麥肯錫的管理者樂於聆聽他們的意見，這些建議和看法將被得到認真對待，面談時其管理者很注意談話技巧，並且在必要時採用善意的鼓勵方式，引導離職的員工坦誠說出對問題的真正看法和對企業的一些想法。麥肯錫通過建立起相互信賴的真誠對話方式，從而比較容易地獲得解聘員工離職的真實原因等相關資料，得到其對公司內部管理和今後發展的合理化建議。公司可根據實際狀況對存在的不足加以改進，防止類似情況的人員離職流出事件的繼續出現。

對離職員工的面談，麥肯錫同時也體現了「以人為本」的思想，表達了企業對其的重視和關懷，從而意識到他們的自身價值和對公司的重要性，儘量減少離職事件在公司員工中所引發的負面影響。俗話說「同行是冤家」，與離職員工好說好散，也可以儘量避免心懷

不滿的離職者在以後的職業生涯中引發與原公司的惡意競爭甚至產生詆毀原公司的情形。

許多跨國公司的人力資源管理部出現了一個新的職位：舊僱員關係管理，專門負責保持與前僱員的聯繫和交流工作，建立離職員工檔案，定時寄送最新的通訊錄，邀請他們參加公司組織的各項活動，為他們發去公司的長期發展規劃、業務方向和內部管理變動情況並徵求他們的意見，在盡可能的範圍幫助這些離職員工。通過交流與溝通，這些離職員工不僅可以繼續為原公司傳遞市場信息，提供合作機會，同時也可以介紹現供職崗位的實際工作經驗和感受，對原公司的內部管理和運作方式提出寶貴的改進意見。

事實證明，有相當數量的離職員工最終都變成了原公司的擁護者、客戶或商業夥伴，繼續為公司創造著大量的財富。麥肯錫當然也不會例外，它在離職僱員關係管理上投入巨大。他們把離職員工的聯繫方式、個人基本情況以及職業生涯的變動情況輸入前僱員關係數據庫，建立了一個名為「麥肯錫校友錄」的花名冊。他們把員工離職稱為「畢業離校」，現在這些離職人員中不乏上市公司 CEO、華爾街投資專家、教授和政府官員，這些人至今與公司保持著良好的關係。當然，麥肯錫也清楚這些離職的人才再回到公司的可能性不大，但這些身處各個領域的社會精英們隨時都會給麥肯錫帶來更多的商機！以生產服務器著稱的 SUN 公司 CEO 麥克利尼也說：他為 SUN 公司培養出眾多的 CEO 感到自豪而不是懊惱！

在對待離職人員的態度上，麥肯錫充分認識到了離職員工的價值——人才跳槽之後的經歷對他們而言是一段寶貴的財富，不同的環境和工作內容以及不同的文化氣氛進一步鍛鍊了離職人員的能力，閱歷也隨之增加。另外，選擇再回來的回歸者往往經過了深思熟慮，他們對於回歸的決定並不是偶然的，他們對於企業有了足夠的認識

和充分的肯定才會做出重新回歸這一決定的。重新回來的這些人對公司的忠誠度也更值得信賴。當然，對公司來說聘用一個熟悉本職工作的舊職員比招募一個新手的成本要低的多，因為他原本就熟悉公司的業務流程，能夠順暢地與公司管理層溝通，並且無需支付上崗前的培訓費用。因此，麥肯錫也做好了隨時歡迎再回來的離職人員，它會根據調查的人員離職的原因努力地做到改善，以換取離職人員的諒解和滿意，並經常告訴他們公司很想念他們，希望有朝一日他們能再回到企業和大家一同共事。

第 **7** 章

人力資源部的員工培訓管理

第一節　培訓崗位工作職責

一、人力資源部的培訓主管工作崗位職責

　　根據公司戰略發展目標，建立並完善公司培訓管理體系，編制員工培訓計劃並負責組織實施，挖掘員工潛能，提高員工綜合素質，為公司經營管理提供強有力的人力資源保障和支援。其具體職責如下。

- ・建立並完善公司培訓體系、培訓制度及相關流程
- ・按照公司戰略發展計劃、年度性工作計劃，以及內部培訓需求，制定年度培訓計劃報相關領導審批
- ・根據審批的培訓計劃負責培訓實施並根據企業的變化及時做出相應的調整
- ・培訓工作的跟進與總結，在各項培訓結束後要及時進行培訓

效果分析，總結存在問題及改進的措施，撰寫培訓工作作總
結，報領導審核
・ 負責內部培訓師隊伍及內部課程開發體系的建立、管理
・ 制定公司年度培訓經費的預算並對其進行管理和使用
・ 建立員工培訓檔案，根據不同的培訓內容及培訓目的設計培
訓考核方式、考核內容、獎懲政策等進行管理
・ 對外部培訓機構的挑選和管理，與外部職業培訓機構等業務
合作部門建立良好的合作關係，相互共用相關信息

二、人力資源部的培訓專員工作崗位職責

協助培訓部門主管完善本公司的培訓體系，協助制定員工培訓
計劃並負責組織實施，其具體職責如下。
・ 負責員工培訓需求調查分析，並結合企業實際情況擬定培訓
計劃並組織實施
・ 在培訓過程中，根據培訓課程做好培訓的前期準備工作，並
積極配合培訓師開展相應的工作
・ 負責內部培訓課程的開發與講授，並考察培訓效果
・ 負責對培訓相關的內外部資源進行有效管理、引進和利用
・ 員工培訓檔案的維護與管理

第二節　培訓工作整套流程圖

一、培訓需求調查流程

圖 7-2-1　培訓需求調查流程

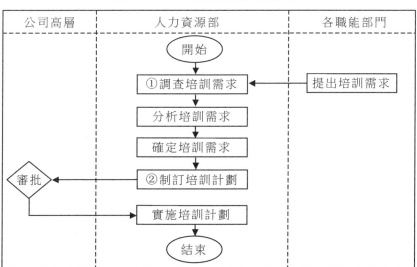

表 7-2-1　培訓需求調查流程的控制節點說明

控制節點	培訓需求調查管理
①	各職能部門根據企業發展要求，找出目標與實際現狀之間的差距，提出培訓需求意向。人力資源部門通過編制「培訓需求調查問卷」、實際調查等方式進行培訓需求調查
②	人力資源部對收集到的培訓需求進行分析，確認培訓內容並制訂培訓實施計劃，計劃內容主要包括培訓時間、培訓內容、培訓地點、培訓講師、培訓機構等

二、培訓計劃制定工作流程

圖 7-2-2　培訓計劃制定工作流程

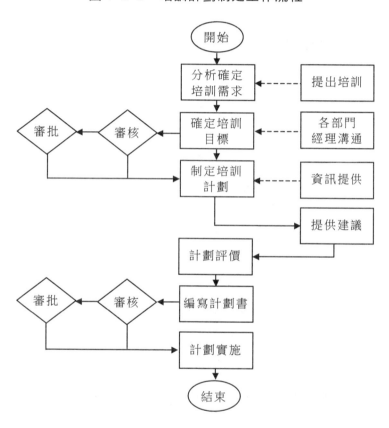

三、員工培訓管理流程

圖 7-2-3　員工培訓管理流程

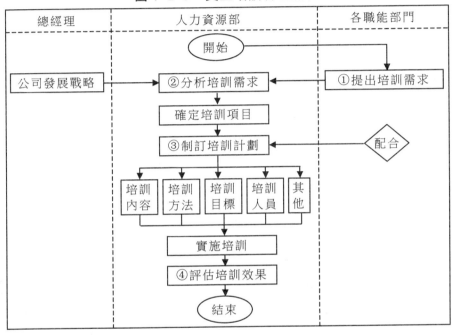

表 7-2-2　員工培訓管理流程的關鍵節點說明

關鍵節點	員工培訓管理
①	各職能部門根據企業發展與市場變化情況，向人力資源部提出培訓需求申請
②	培訓工作的成功與否在很大程度上取決於培訓需求分析的準確性和有效性，分析一般從個人、工作及組織三個層面進行
③	根據培訓需求結果確定培訓目標並制訂計劃，其內容包括：培訓目標、內容、時間、方式、地點、機構、講師、參訓人員等
④	培訓結束後，應對培訓效果進行評估，評估內容包括：師資評估、學員培訓後的工作表現評估、培訓費用評估等

四、外派培訓管理流程

圖 7-2-4　外派培訓管理流程

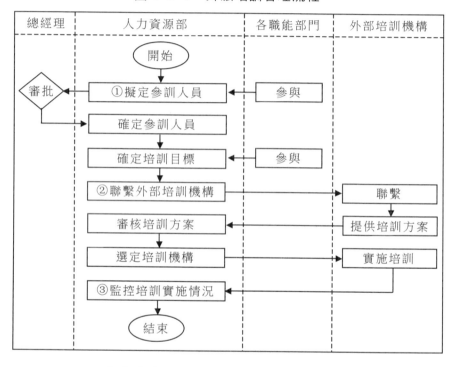

表 7-2-3　外派培訓管理關鍵節點說明

關鍵節點	外派培訓管理
①	根據公司發展需要與員工個人職業生涯規劃，確定參加外派培訓的人選
②	根據培訓的內容選擇合適的培訓機構
③	人力資源部對培訓實施情況進行監督，既要對參訓學員的情況有一個比較全面的瞭解和掌握，另一方面，對培訓實施機構的工作效率、工作品質等也做出相應的評估

五、培訓外包管理工作流程

圖 7-2-5　培訓外包管理工作流程

```
                    ┌──────────┐
                    │   開始    │
                    └──────────┘
                          │
        ┌──────────┐           ┌──────────┐
        │ 培訓需求 │◄──────────│ 培訓動意 │
        │   分析   │           └──────────┘
        └──────────┘
              │
   ◇          ┌──────────┐     ┌──────────┐
  審核 ◄───────│ 決定培訓 │◄╌╌╌╌│ 提供資訊 │
   ◇          │   外包   │     └──────────┘
              └──────────┘
              │
        ┌──────────┐
        │ 決定外包 │
        │   項目   │
        └──────────┘
              │
        ┌──────────┐
        │ 挑選培訓 │
        │   服務商 │
        └──────────┘
              │
        ┌──────────┐
        │ 課程內容 │
        │   安排   │
        └──────────┘
              │
        ┌──────────┐     ┌──────────┐
        │ 課程實踐 │─────►│ 提出建議 │
        │   應用   │     └──────────┘
        └──────────┘
              │
        ┌──────────┐
        │ 課程效果 │◄────
        │ 評價回饋 │
        └──────────┘
              │
   ◇          ┌──────────┐
  審批 ◄───────│   課程   │
   ◇          │  修定稿  │
              └──────────┘
              │
        ┌──────────┐
        │ 課程實施 │
        └──────────┘
              │
           ┌──────┐
           │ 結束 │
           └──────┘
```

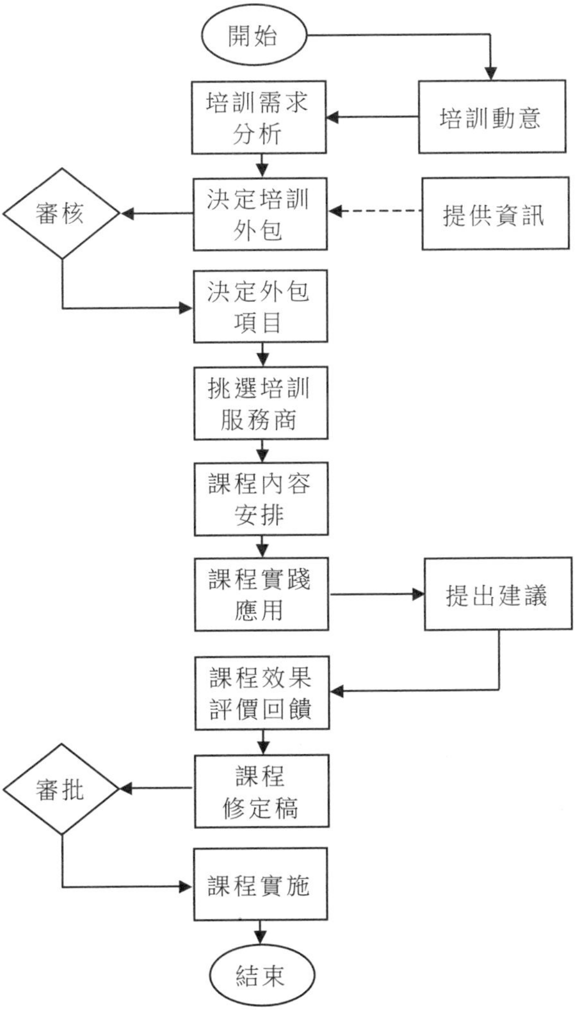

六、培訓課程設計工作流程

圖 7-2-6　培訓課程設計工作流程

```
                    ┌─────┐
                    │ 開始 │
                    └──┬──┘
                       │         ┌──────────┐
                       └────────▶│          │
              ┌────────┐         │          │
              │ 培訓需求 │◀───────│ 培訓動意 │
              └────┬───┘         └──────────┘
       ◇           │
    ┌─────┐  ┌──────────┐      ┌──────────┐
    │ 審核 │◀─│ 確定課程 │◀─ ─ ─│ 提供資訊 │
    └─────┘  │ 設定目標 │      └──────────┘
       │     └──────────┘
       │     ┌──────────┐
       └────▶│ 課程資料 │
             │  收集    │
             └────┬─────┘
             ┌──────────┐
             │ 課程教材 │
             │ 設計製作 │
             └────┬─────┘
             ┌──────────┐
             │ 課程內容 │
             │  安排    │
             └────┬─────┘
             ┌──────────┐      ┌──────────┐
             │ 課程實踐 │─────▶│ 提出建議 │
             │  應用    │      └────┬─────┘
             └────┬─────┘           │
             ┌──────────┐           │
             │ 課程效果 │◀──────────┘
             │ 評價回饋 │
             └────┬─────┘
   ◇       ◇  ┌──────────┐
┌─────┐ ┌─────┐│  課程    │
│ 審批 │◀│ 審核 │◀─│ 修定稿 │
└─────┘ └─────┘└──────────┘
   │     ┌──────────┐
   └────▶│ 課程實施 │
         └────┬─────┘
           ┌─────┐
           │ 結束 │
           └─────┘
```

七、聘請培訓師工作流程

圖 7-2-7 聘請培訓師工作流程

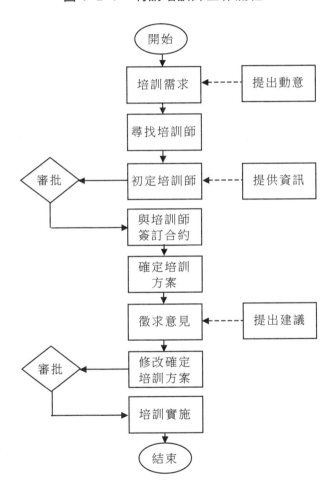

八、培訓費用預算工作流程

圖 7-2-8　培訓費用預算工作流程

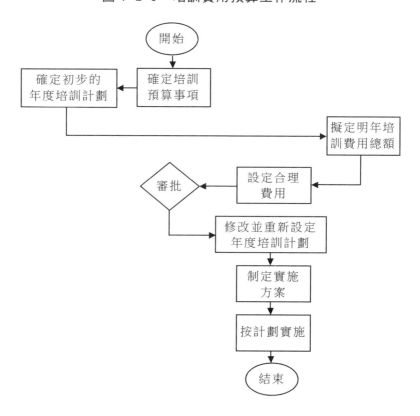

九、培訓管理工作流程

圖 7-2-9 培訓管理工作流程

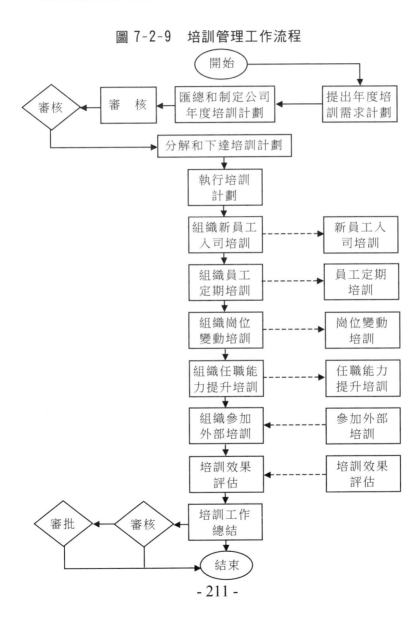

十、培訓考核工作流程

圖 7-2-10　培訓考核工作流程

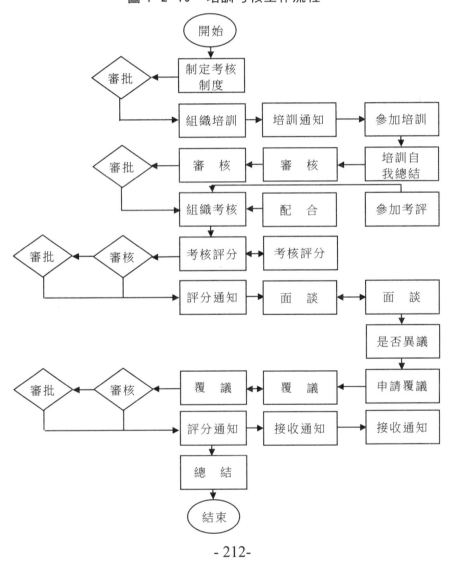

第三節　讓培訓不再「為他人做嫁衣」

隨著員工擇業自主性的增強，跳槽現象也更加普遍，用人單位與員工之間因培訓費賠償問題而引發的爭議也越來越多。實際工作中，很多用人單位由於忽視對公司培訓制度的合理設置，所以，最後造成培訓員工「為他人做嫁衣」的局面，或者沒有追索到本應有的違約金，就不得不讓員工輕鬆走人，給單位造成嚴重的損失。

明確培訓目的，分清培訓種類，不同的培訓涉及不同的管理方式。

因為入職培訓是企業的義務，而且目的僅僅是適應上崗的要求，所以可以由企業內部人員進行培訓，無須花費額外的培訓費用；而且，入職培訓不太會涉及法律問題，所以無須另行簽訂協定，但由於好多企業的入職培訓是對員工進行企業制度培訓，所以需要保留一些書面材料，用來證明企業對員工公示過相關制度，以備不時之需。

而專業技術培訓是對在職員工的成本投入，目的是為了提高員工的工作效率，所以企業一般要提供相應的專項培訓費用，因此會牽涉很多法律問題，所以在處理時要慎重，制度中要儘量規定詳細，避免不必要的法律風險，更避免「為他人做嫁衣」。

應當對每次的培訓效果進行評估，總結每次培訓的經驗教訓，以備對企業的培訓制度、培訓規劃進行完善.

至於因為不勝任而進行的培訓，則其培訓目的非常明確，就是讓員工能夠勝任工作，所以要有針對性的進行培訓。同時，因為涉

及員工合約的解除問題，所以在培訓時需要注意保留有關的書面材料。正如前面所討論的，這種情況下很多企業採用的是在崗培訓，所以需要在制度中明確，要麼讓員工每天寫培訓心得，交給企業，要麼每天做培訓記錄，讓員工簽字確認，這樣才能保留下比較有用的證據。

入職階段，進行入職培訓，這是各個企業共同的做法。如何進行培訓，培訓那些內容，由誰來對新員工進行培訓……這一系列的問題，都需要企業在每次招聘時有一個詳盡的培訓規劃，對上述問題進行解決。

在職期間，出於提高工作效率，推動企業發展的需要，企業一般提供專項培訓費用進行一些專業技術培訓。那麼，這種情況下，進行那些培訓，採取那種方式，那些人員參與，是否要簽協議，是否要約定違約金……這一系列的問題，除非已經在企業的培訓管理制度中明確過了，否則都需要在培訓規劃中進行相應的明確。

種類不同，針對的培訓對象自然不同。入職培訓針對的僅僅是新入職的員工，企業提供專項培訓費用進行的專業技術培訓，針對的應當是企業的儲備人才，是具有發展潛力的人員。有可能的話，應在培訓之前進行調研，看員工的職業規劃是否符合公司的發展規劃，儘量安排二者一致或者相近的員工參與此類培訓，同時，儘量安排對企業認同感強的員工參與，而因為不勝任而進行的培訓則針對的是企業日常考核中不能勝任工作的員工。

入職培訓，儘量安排對員工進行制度培訓，以達到告知員工企業相關規章制度的目的，這樣能確保企業的規章制度對員工有約束力。同時，應當如前所述，保留相關的入職培訓記錄，要麼規定培訓時所有參與人員要簽到，並在當天的培訓內容記錄上簽字確認；要麼規定所有參與培訓的人員，每天針對當天的培訓內容寫培訓心

得交給企業，超過一定天數不交的，按培訓不合格處理，繼續進行培訓。如此，即可保存下比較有用的書面材料。

　　制度中應當規定，入職培訓在員工簽訂合約後、正式上崗前進行。有些單位將入職培訓安排在了簽合約前，因為有些員工在正式接觸企業的工作實踐後，很可能會重新考慮去留問題，所以員工和企業都嫌麻煩，乾脆就不簽訂合約，等培訓完了，再決定是否簽訂合約。這種做法雖然避免了麻煩，但是容易帶來另外一個問題：如此一來，培訓期間員工就不能繳納社保了，那麼，一旦員工培訓期間發生傷亡事故，將很可能被認定為工傷，同時因為沒有繳納社保，最終這筆工傷保險待遇將全部由企業承擔。因此，我們建議入職培訓應當儘量安排在簽訂合約以後、正式上崗前進行。

　　提供專項培訓費用進行的專業技術培訓，一般安排在試用期滿以後進行，如果碰上確實才華出眾的，需要在剛入職就進行此類培訓的，則該員工不應當再約定試用期，這一點需要在培訓制度中明確。

　　進行專業技術培訓時，所提供的專項培訓費用應當採用直接出資的形式進行，儘量避免採用報銷的形式。如果一定要採用報銷的形式，也是部份直接出資、部份報銷，這樣才能避免員工不報銷直接走人的情況發生。到底採用那種形式，需要在制度中統一明確規定。

　　企業制度可以規定，培訓協定中約定的服務期限長於合約期限的，合約期滿單位可以放棄對剩餘服務期的要求，合約可以終止，但單位不得追索員工服務期的賠償責任。合約期滿後，單位決定繼續提供工作崗位要求員工繼續履行服務期的，雙方當事人應當續簽合約，員工不能拒絕；如果員工拒絕續簽，那麼單位可以向員工追索服務期的違約責任。因續訂合約的條件不能達成一致的，雙方當

事人應按原合約確定的條件繼續履行。繼續履行期間，單位不提供工作崗位的，視為其放棄對剩餘服務期的要求，關係終止。

對於選取派到國外總部培訓的員工，首先，應當明確那些人有這樣的資格，不是隨便一個人都可以的，應當是企業的重點培養對象才可以；其次，一定要簽訂培訓協定，明確此次出國是去參加培訓的，企業是出了培訓費的；再次，可以要求員工定期向企業彙報培訓心得，制度中可以明確這一點，這麼操作有兩個好處，一是可以解決被認為「以工代培」的法律風險，二是有利於對此次培訓的成敗得失進行總結；最後，企業與外國總部之間的費用往來，應當以「培訓費」的名義進行。

同時，對於到外國進行培訓的員工，應當在制度中規定清楚，其關係到底如何進行處理。一般情況下，如果是長期培訓，那麼可以考慮協商中止國內企業的合約，待員工學成歸來再行復工；如果是短期培訓，那麼關係可以存續，不能隨意曠工、解除或者終止。

員工考核不勝任時，如果不進行調崗，則需要進行培訓。那麼採用那種方式進行培訓，如何保留書面材料，如何處理該員工培訓時的崗位……這些需要在培訓管理制度中明確。

如果員工經考核，不能勝任原工作的，企業依法可以進行培訓。如果選擇脫產培訓，則需要在制度中規定清楚其原崗位如何處理。一般可以採取兩種方式進行處理：第一，可以在制度中直接規定，其原崗位由其他員工代理，受培訓員工受訓第一個月享受全額薪資，第二個月起享受生活費，待其培訓結束，回原崗位工作；第二，可以規定雙方另行協商確定。到底採用何種方式，一般根據具體情況來確定。

第四節　各種培訓制度

一、新員工培訓制度

　　為規範公司新員工培訓管理，使新員工儘快熟悉和適應公司文化、制度和行為規範，特制定本管理辦法。

第一章　新員工培訓目的

　　第一條　讓新員工在最短的時間內瞭解公司的歷史、發展情況、相關政策、企業文化等，幫助新員工確立自己的人生規劃，並明確自己未來在企業的發展方向。

　　第二條　讓新員工體會到歸屬感，滿足新員工進入新群體的需要。

　　第三條　讓新員工瞭解公司及工作崗位的相關信息及公司對他的期望。

　　第四條　提高新員工解決問題的能力。

　　第五條　加強新老員工之間、新員工與新員工之間的溝通。

第二章　培訓內容

　　新員工培訓一般分為兩個階段，即公司培訓和部門培訓。其各自培訓的內容見下表。

表 7-4-1　新員工培訓的內容

培訓階段	培訓內容
1. 公司培訓	公司概況 ①公司的發展歷史、經營範圍、在同行業中的地位、發展趨勢 ②企業文化 ③公司的組織機構和各部門的主要職能及公司高層管理人員的情況 相關規章制度 ①人事規章制度主要包括薪酬福利制度、培訓制度、考核制度、獎懲制度、考勤制度等 ②財務制度如費用報銷制度 ③其他如商務禮儀、職業生涯規劃
2. 部門培訓	①介紹員工所在部門的組織結構、主要職責、規章制度 ②新員工所在崗位的職責、業務操作流程 ③崗位所需專業技能的培訓與指導 ④相關部門的介紹

第三章　培訓管理實施細則

第一條　新員工培訓由公司人力資源部統一負責管理，各部門予以配合

第二條　培訓時間安排由公司進行的集中培訓，時間為新員工錄用報到後的第二天進行，為期 7 天；第二階段的培訓，大致時間安排為新員工到崗後的第 1～2 個月，具體時間安排根據各部門實際工作情況而定。

第三條　培訓紀律

①受訓員工在培訓期間不得隨意請假，如有特殊原因，需經所在部門經理審批，並將相關證明交至人力資源部，否則，以曠工論處。

②培訓課堂紀律要求上課時不得吸煙、手機調到震動狀態等，

並填寫《培訓人員簽到表》（見下表）。

表 7-4-2　培訓人員簽到表

培訓時間		培訓地點	
培訓內容		培訓講師	
序號	簽到		簽退

　　第四條　對違反相關規定的懲罰培訓期間無故遲到、早退累計時間在 30～60 分鐘，以曠工半天論處；超過一小時，以曠工 1 天處理，情節嚴重者，給予記過一次。

　　第五條　考評培訓結束後，人力資源部組織相關人員對新員工培訓效果進行考評，考評主要採用筆試和實操演練兩種方式進行，將考評結果分四個等級，具體標準及相應的人事政策見下表。

表 7-4-3　考評結果一覽表

等級	標準	措施
A	80 分以上	重點培養
B	70～79 分	合格，繼續培養
C	60～69 分	再次進行培訓
D	60 分以下	辭退

二、工作培訓制度

　　職前培訓的目的是使新進人員瞭解公司的概況。向他們介紹公司規章制度，以便新進人員能更快勝任未來工作。

第一章　培訓階段

第一條　公司總部的培訓。

第二條　分支機構或所在部門的培訓。

第三條　實地訓練。

第二章　職前培訓的內容

第一條　職前培訓的內容主要包括公司情況介紹、公司經營業務範圍、人事規章制度、工作崗位情況及業務知識五部份，其各自包含的具體內容見下表。

表 7-4-4　職前培訓內容

培訓內容	培訓內容簡介
1. 公司概況	①公司的發展歷史 ②企業文化 ③公司現狀：在同行業中的地位 ④公司的組織結構及部門職責
2. 公司經營業務範圍	①公司主營產品 ②產品的性能、價格及銷售情況；產品競爭力分析
3. 人事規章制度	主要包括員工考勤制度、薪酬福利制度、日常工作行為規範等
4. 工作崗位情況	①崗位特徵 ②主要工作職責與內容 ③與其他部門配合 ④工作標準
5. 業務知識	略

第二條　業務知識的培訓主要是根據實際工作的需要而進行的培訓，不同崗位的人員，其培訓內容是不同的，下表給出了三類不同人員的業務知識培訓內容。

表 7-4-5 職前業務知識培訓內容

人員類別	業務知識培訓的內容
一般管理人員	現代管理理論和技巧的培訓,如組織協調能力、決策能力、如何對下屬進行有效的授權與激勵等
專業技術人員	專業技術知識的學習與實際操作技能的提高
行銷人員	提高銷售人員整體素質和銷售技能,如銷售技巧、自哉管理能力、溝通技巧等

第三章 培訓檔案管理

人力資源部應將職前培訓的參訓人員情況、受訓成績,登記在員工培訓記錄表中,為其以後的相關人事決策提供依據。

三、在職人員培訓制度

第一章 培訓目標

傳遞企業文化和公司價值觀,全面提升員工整體素質和崗位工作技能,提高管理團隊整體管理素質與效率,使所有培訓對象培訓率達到 100%,培訓效果達成率達到 95%。具體表現在以下五個方面。

第一條 提高員工的工作熱情和協作精神,建立良好的工作環境和工作氣氛。

第二條 減少員工工作中的消耗和浪費,提高工作品質和效率。

第三條 提高、完善並充實員工各項技能,以發揮其潛能,使其更能勝任現在或將來的工作,為工作輪換、人員晉升創造條件。

第四條 增加員工對公司的信任感和歸屬感。

第五條 建立公司人員培養、選拔的機制。

第二章 培訓需求的提出

培訓需求的提出，主要有下圖所示的三種方式。

圖 7-4-1 培訓需求的提出方式

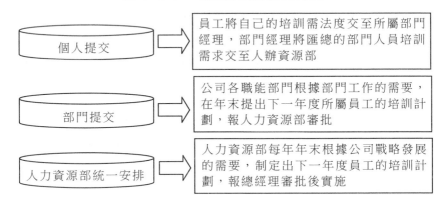

第三章 培訓內容

第一條 公共課程培訓

主要涉及企業制度、企業文化、企業發展情況等內容的培訓，由人力資源部統一組織實施。

第二條 專項業務培訓

即對各崗位所需的專業技能進行培訓，如採購、生產、品質、財務、銷售等各職能部門專業知識及操作等培訓。

第三條 素質提高與能力提升培訓

包括公司業務普及培訓、管理技能培訓、各種晉升培訓等。

第四章 培訓紀律

第一條 學員應按時參加公司組織的培訓並在培訓簽到表上簽到，如未簽到視同曠課。

第二條 受訓者不得無故缺席、遲到、早退，嚴格遵守培訓的

作息時間；受訓人員因故不能參加培訓，必須在開課前兩天，向所在部門主管請假並予以說明。

第三條　遵守課堂紀律，認真聽講，做好筆記，嚴禁大聲喧嘩、交頭接耳。

第四條　上課時手機一律置於無聲狀態或關閉。如需接聽或打電話到教室外，以免影響他人聽講。

第五條　尊重培訓教師和工作人員，團結學員，相互交流，共同提高。

第六條　認真填寫並上交各種調查表格。

參加培訓時有違反上述行為之一的，依具體情節和後果的嚴重性，進行停職、降薪、調崗、記過、除名等相應的處罰。

第五章　培訓評估

培訓結束後，人力資源部應組織人員對培訓效果進行評估，採取的方式可以是問卷調查、考試、實地操作等。其評估主要從員工工作主動性、工作滿意度、工作品質、消耗成本和時間等方面進行考核。

第六章　員工培訓檔案的管理

培訓檔案統一歸人力資源部管理，其主要包括以下兩方面內容。

第一條　建立公司培訓檔案，其內容包括培訓範圍、培訓方式、培訓教師、培訓聯繫單位、培訓人數、培訓時間、學習情況等。

第二條　建立員工培訓檔案，將員工接受培訓的具體情況和培訓結果詳細記錄備案，包括培訓時間、培訓地點、培訓內容、培訓目的、培訓效果自我評價、員工培訓評估成績等，作為員工崗位輪換、晉升、降職等的依據。

四、外派員工培訓制度

因員工工作需要且公司沒有安排或不能提供內部培訓的，可參加社會上專業培訓機構或院校組織的培訓。

第一章　外派培訓需求申請

根據工作的需要，公司一般會選派部份管理人員、技術骨幹參加外部機構組織的相關培訓。

第一條　參加外派培訓的人選可以通過以下三種方式確定。

①部門指派部門經理、公司領導或人力資源部，視實際需要可提議指派受訓人員。

②部門推薦。結合部門發展的需要與員工的實際工作表現，推薦合適人員參加外派培訓。

③個人申請。員工個人根據工作的需要，也可以向公司提出參加外派培訓的申請。

第二條　被提議或個人申請參加公司外派培訓學習的人員應事先填報《外派培訓申請表》（見下表），並交至人力資源部。

表 7-4-6　外派培訓申請表

申請人		所在崗位		所屬部門	
申請理由					
培訓項目/培訓內容					
參加培訓時間					
預期培訓效果					
部門經理意見					
人力資源部意見					
總經理意見					

第三條　人力資源部匯總外派培訓需求，報總經理批准實施。

第二章　培訓形式

培訓的形式主要有四種，如下圖所示。

圖 7-4-2　培訓的四種形式

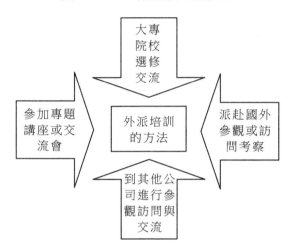

第三章　外派培訓費用管理

第一條　參加外派培訓費用在＿＿元以下的，由公司統一支付相關的培訓費用。

第二條　參加外派培訓佔用工作時間＿＿天以上的或企業統一支付培訓費用＿＿元以上的培訓，參訓員工應與企業簽訂《培訓協議》，雙方簽字後作為《工作合約》的附件執行。《培訓協議》一式兩份，參訓員工和企業各執一份。

第四章　外派人員待遇規定

員工參加外派培訓期間，視同正常上班。其薪資與各項福利待遇正常計發。

第五章　外派培訓人員的管理

第一條　受訓人員必須自覺遵守外部培訓機構的各項規定與要求，凡因違規、違紀受到培訓機構處分的。公司根據情節大小予以相應的處分。

第二條　受訓人員需在學習結束的五天內，將學習情況作書面總結，並交人力資源部備案。

第三條　培訓期滿，受訓人員必須按時回公司報到，如逾期不歸，按曠工處理。

第四條　參加外派培訓的人員應將所學知識整理成冊，列為培訓教材，並擔任相關講座的講師，將培訓所學的知識、技能傳授給相關人員。

第五節 培訓管理方案

一、新進員工培訓方案

本公司對新進員工的培訓採取三階段培訓的方法。下表 7-5-1 給出了各個階段培訓的主要內容。

(一)新員工培訓實施

1. 培訓講師的確定

新員工入職培訓的講師最好是企業的內部人員，因為企業內部人員是最熟悉企業的人。企業高層領導、人力資源部經理、部門主管、專業技術員都可以被邀請來就不同的內容給新員工做入職培訓。

表 7-5-1 不同階段的培訓內容

階段	主要內容
公司總部培訓	讓公司新進員工對企業情況有一個初步的瞭解，主要包括公司的發展狀況、企業文化、人事規章制度等
分支機構或部門培訓	1. 部門職能及員工所在崗位工作職責的瞭解 2. 重點在於相關業務專業知識與工作技能的培訓
現場培訓	工作現場的指導

2. 相關設備及設施的準備

在新員工培訓實施過程中，會使用到投影儀、幻燈機、麥克風等設備，在培訓實施之前，要將這些設備的準備工作落實到位，以保證培訓工作的正常進行。

3.培訓時間及培訓內容的安排

對新進員工的培訓，人力資源部應事先制定日程，做好相應的計劃安排，本公司對新員工培訓計劃安排見下表。

表 7-5-2　新員工培訓計劃安排

第一階段培訓					
培訓內容	實施時間	培訓地點	培訓講師	培訓方式	培訓主要內容
軍訓	7 天	××部			1. 增強學員的堅強意識 2. 提高學員的集體主義精神 3. 培養學員吃苦耐勞的品德和踏實的工作態度
企業概況	2 個課時	集團學院	企業培訓中心講師	集中授課	1. 企業的經營理念和發展狀況 2. 企業的組織結構、公司管理體系及各部門的主要職能 3. 企業的經營業務和主要產品 4. 企業在同行業中的競爭力狀況
企業管理制度	4 個課時	集團學院	企業培訓中心講師或公司人力資源部工作人員	集中授課	1. 薪酬福利制度 2. 獎懲制度 3. 員工日常行為規範 4. 員工考勤制度 5. 工作關係制度 6. 相關財務制度
企業文化	2 個課時	集團學院	企業培訓中心講師或公司人力資源部工作人員	集中授課	1. 企業價值觀 2. 企業戰略 3. 企業道德規範
職業生涯規劃	2 個課時	集團學院		集中授課	1. 職業目標的設立 2. 目標策略的實施 3. 內外部環境分析 4. 自我評估

續表

第一階段培訓					
人際溝通技巧	4個課時	集團學院		集中授課	1. 溝通的意義 2. 溝通的障礙 3. 溝通的技巧 4. 溝通的原則
職業禮儀	2個課時	集團學院		集中授課	1. 個人儀容儀表規範 2. 待人接物行為規範 3. 社交禮儀
安全知識	2個課時			集中授課	消防安全知識、設備安全知識及緊急事件處理等
介紹交流	4個課時	集團學院		以討論、交流會形式展開	企業主管、優秀員工與學員進行開放式的互動交流
企業參觀	半天	企業辦公場所	人力資源部工作人員	現場參觀	企業工作現場參觀

第二、三階段培訓計劃表			
培訓階段	培訓人	培訓時間	培訓主要內容
分支結構或部門培訓	部門主要負責人	公司總部培訓結束後	1. 新員工所在部門的組織結構、各部門之間的協調與配合 2. 新員工所在崗位的主要職責、業務流程及公司對他的期望
現場培訓	新員工的直接上級或資深員工	前兩個階段的培訓結束後～試用期結束	帶訓負責人對新員工在實際工作崗位中給予相關的指導

二、在職員工培訓方案

(一)在職培訓實施流程

公司人力資源部承擔本公司員工各類培訓的管理工作，於每年 12 月份根據公司發展的情況、工作崗位的需要及員工績效評估負責制定年度培訓計劃表，並組織實施，其流程如下圖所示。

圖 7-5-1　培訓實施流程

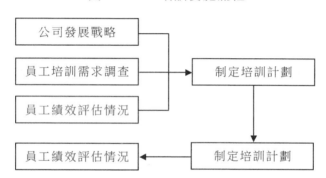

(二)培訓的形式

培訓的形式採取內部培訓與外部培訓相結合的方式，具體培訓項目實施形式包括課堂教學、內部講座、戶外拓展、讀書與知識分享計劃、培訓沙龍、國外考察等。

(三)培訓講師的管理

1. 內部講師的管理

⑴公司培訓中心的相關負責人。

⑵公司的總經理、副總經理、各部門經理及專業技術人員。其中，公司中高層每年對員工進行培訓的次數不得少於 5 次。其報酬分為三個等級，總經理、副總經理級別的人員標準為 80 元/時，部

門經理為 50 元/時，專業技術人員為 40 元/時。

2.外部講師

外部講師聘請的主要標準之一是相關領域的權威人士或知名企業的高層管理人員，並且有成功實施培訓項目的經驗。其報酬基本與市場平均水準持平。

(四)培訓的內容與實施

根據員工所在職位的不同，培訓內容的側重點也有所不同，下表給出了三類不同人員的培訓側重點。

表 7-5-3 不同類別人員培訓側重點

人員類別	培訓重點
中高層管理人員	管理技能、領導力、決策思維能力、如何對員工進行有效的激勵與授權等
儲備管理人員	職業技能提升、管理技能培養、角色轉變、溝通與協調等
一般工作人員	專業技能的提升

(五)培訓的實施

公司對員工在職培訓實行定期培訓與不定期培訓兩種，具體內容見下表。

表 7-5-4 培訓實施說明

定期培訓	公司根據擬定的培訓計劃，對員工進行培訓，其時間一般在 4、5 月份和 11、12 月份舉辦
不定期培訓	各部門負責人除根據公司制定的培訓計劃對員工展開培訓外，還要根據員工實際工作情況，靈活地對員工進行培訓

下面以技術人員的培訓實施為例，加以詳細地說明。

1. 培訓講師的選擇

培訓講師可以從培訓課程的內容和培訓講師的資歷兩方面來選

擇。

(1)根據培訓課程的內容來選擇

如果是專業技術或新技術的培訓，經驗豐富的技術人員、技術部經理、相應領域的技術專家是培訓講師的首要人選。

如果是公共課和技術普及類課程，人力資源部經理、培訓機構的專職培訓師則是其合適的人選。

(2)根據培訓講師的資歷來選擇

培訓講師的資歷也很重要，擁有豐富的教學經驗並熟練掌握一種或多種專業技術的講師，是技術培訓講師的首選。一般來說，技術培訓的講師都是在某個領域擁有一定技術經驗的專家或教授。

2.技術人員培訓方法的選擇

一般來說，技術人員常用的培訓方法主要包括普通授課、工作指導、安全研討、錄影、多媒體教學、認證培訓等，其具體操作和運用如下表 7-5-5 所示。

(六)培訓效果評估

評估培訓效果的方式因培訓項目而異，培訓組織部門需對每次培訓的效果做出相應的評估和追蹤，公司對在職受訓人員的評估主要採用四級評估法。

1.一級評估

即反應層面的評估，針對學員對培訓內容、講師、培訓方法等內容的滿意度進行評估。

2.二級評估

即學習層面的評估，針對學員完成課程後的學習成效，一般採取組織考試或實地操作的方式進行。

表 7-5-5　技術人員培訓常用方法

培訓方法	操作介紹	適用範圍
普通授課	1. 由技術專家或經驗豐富的技術員講解相關知識 2. 應用廣泛，費用低，能增加受訓人員的實用知識 3. 單向溝通，受訓人員參加討論的機會較少	
工作指導	1. 由人力資源部經理指定指導專員對受訓人員進行一對一指導 2. 受訓人員在工作過程中學習並運用技術	
安全研討	1. 由生產安全、信息安全管理者主持、受訓人員參與討論 2. 雙向溝通，有利於掌握「安全」的重要性和相關規定	
錄影、多媒體教學	1. 將生產過程錄下來，供受訓人員學習和研究 2. 間接的現場式教學，節省了指導專員的時間	
認證培訓	1. 業餘進修方式，參加函授班的學習 2. 培訓結束後參加考試，合格者會獲得證書 3. 避免步入誤區——僅僅為獲得證書去培訓	

3.三級評估

即行為層面的評估，針對學員回到工作崗位後，其行為或工作績效是否因培訓而帶來預期中的改變進行評估。

4.四級評估

即結果層面的評估，主要考察培訓為企業帶來的效果，其衡量指標有產品品質、數量、銷售額、成本、利潤等。

附件一：針對您的職業發展目標和目前工作中的困難，您希望公司為您提供那些方面的培訓以改善您的工作？

表 7-5-6　員工培訓需求調查表

一、企業培訓現狀調查			
已參加過的培訓項目或內容	培訓實施機構	培訓時間	培訓方式
以往培訓是否針對個人做過培訓需求徵詢	□是　　　　□否　　　　□偶爾		
培訓後技能、績效是否得到明顯提升	□明顯提升　□稍有提升　□作用基本不大		
二、員工培訓需求調查			
培訓內容			
培訓項目	培訓內容	期望的培訓時間	所期望的培訓方式
行銷管理	□現代行銷戰略與戰術		
	□銷售隊伍與業績管理		
	□專業銷售技巧與談判技巧		
	□電話銷售技巧		
財務管理	□成本分析與控制		
	□如何閱讀財務報表		
	□預算管理		
	□內部控制與風險管理		
人力資源管理	□人力資源管理人員的角色定位		
	□國內外人力資源管理發展現況		
	□人力資源規劃與工作分析		
	□人力資源培訓與開發		
	□薪酬管理		
生產管理	□生產計劃與進程的控制		
	□現場管理		
	□精益生產管理		
	□設備管理與維護		

表 7-5-7　公司年度培訓計劃表

培訓項目	新員工入職培訓	崗位技能培訓	管理技能培訓	其他
培訓內容	企業文化、規章制度等	與業務、技術相關的知識和技能培訓	目標管理、激勵與授權等	
培訓時間	每年的__月～__月	依實際情況而定	依實際情況而定	
培訓對象	新進員工	所有公司在職員工	公司管理者及儲備管理人員	
參訓人數	___人	___人	___人	
培訓機構	集團學院與相關外部組織	集團學院與相關外部組織		
培訓方式	集中授課、戶外項目	集中授課與實操演練		
培訓地點	集團學院、外部組織	公司內部		
培訓講師	內部講師、外部講師			
費用預算	___元			

三、員工外派培訓方案

（一）外派培訓計劃的擬定

因工作需要參加短期或臨時性的外派培訓，由員工或所屬部門提出申請，人力資源部根據公司發展的需要也可以進行臨時性的安排，擬定外派培訓計劃表（見表 7-5-8），長期外派培訓需列入年度培訓計劃。

(1)培訓機構的選擇

外派培訓的培訓機構主要有高等院校、科研單位、外部專業培訓機構、同行業的優秀企業等。通過詢價和比較培訓方案的優越性，最終確定合適的培訓機構和培訓講師。

表 7-5-8　外派培訓計劃表

參加外派培訓人員	崗位	所屬部門	入職時間
外派培訓理由			
外派培訓項目名稱			
外派培訓目標			
外派培訓起止時間	從　　至	總時間	天
外派培訓地點		外派培訓機構名稱	
外派培訓課程內容	課程名稱	具體內容	安排的課時	培訓講師簡介
經費支出計劃	教材費	_____ 元	
	講師費用	_____ 元	
	差旅費	_____ 元	
	餐費	_____ 元	
	住宿費	_____ 元	
	合計	_____ 元	
部門經理審核	簽字：___年___月___日		
人力資源部經理審核	簽字：___年___月___日		
財務經理審核	簽字：___年___月___日		
總經理審核	簽字：___年___月___日		

⑵培訓費用的預算

培訓費用預算需明確培訓費用總量、費用使用方向、預算管理機制和規定等內容，其主要考慮的指標是講課費、場地費、教材費、課程設計費、參訓人員必要的開支等。

（二）外派培訓的方式

①大專院校進修。

②學歷教育。

③出國考察或企業參觀。

（三）培訓過程控制

外派培訓由於在公司外部進行，因而，在一定程度上加大了公司對培訓過程監控的難度。主要工作由人力資源部負責。通常，可以採取以下兩種方式進行。

①要求受訓員工在受訓期間定期(每週、每月)提交培訓課堂筆記和培訓心得報告。

②委託培訓機構對受訓員工進行約束。

（四）培訓費用管理與服務年限

當外派培訓費用較高時，公司應會與員工簽訂《培訓協定》，其中很重要的一條是關於員工服務年限的規定。

①服務年限，根據培訓費用的高低，員工服務年限的長短也有所不同。

②培訓協定主要包括員工的服務期限、所學的培訓內容傳授與分享、培訓費用的分擔及違約責任4個部份。

四、訓練中心管理辦法

（一）訓練中心的管理

1.凡經企業訓練中心召訓的新進及在職員工均應遵守本管理辦法。

2.本企業員工接獲召訓通知時，應準時報到。逾時以曠職論，因公而持有證明者除外。

3.受訓期間不得隨意請假，如確因公請假，須提出其單位主管的證明，否則以曠職論。

4.上課期間遲到、早退依下列規定辦理，因公持有證明者除外。

(1)遲到、早退達4次者，以曠職半日論處。

(2)遲到、早退達 4 次以上 8 次以下者,以曠職 1 日論處。

5.受訓期間以在訓練中心食宿為原則,但因情況特殊經訓練中心核准者不在此限。

6.受訓學員晚上 10 時以前應歸宿,未按時歸宿者,以曠職半日論處。

7.訓練中心環境應隨時保持整潔,並由公推的班長指派值日員負責維持。

8.訓練中心寢室內嚴禁抽煙、飲酒、賭博、喧鬧。

9.上課時間禁止會客或接聽電話,但緊急事故除外。會客時間定為:

(1)中午:12~14 時。

(2)下午:17~20 時。

10.本辦法由訓練中心依實際需要制定。

(二) 訓練中心的學員管理

1.總則

(1)本辦法依據本公司人事管理規則的規定制定。

(2)教育實施的宗旨與目的如下:

①茲為加強人事管理,重視教育訓練而提高員工的素質,施予適當的教育訓練,以培養豐富的知識與技能,同時養成高尚的品德,處理業務能達成科學化,成為自強不息的員工。

②使員工深切體認本公司對社會所負的使命,並激發其求知欲、創造心,不斷充實自己努力向上,奠定公司發展基礎。

(3)本公司員工的教育訓練分為不定期訓練與定期訓練兩種。

(4)本公司所屬員工均應接受本辦法所定的教育,不得故意規避。

2.不定期訓練

(1)本公司員工教育訓練由各部、課主管對所屬員工經常實施。

⑵各單位主管應擬定教育計劃，並按計劃切實推行。

⑶各單位主管經常督導所屬員工以增進其處理業務的能力，充實其處理業務時應具備的知識，必要時得指定所屬限期閱讀與業務有關的專門書籍。

⑷各單位主管應經常利用集會，以專題研討報告或個別教育等方式實施機會教育。

3.定期訓練

⑴本公司員工定期訓練每年兩次，分為上半期(4、5月中)及下半期(10、11月中)舉行，視其實際事務人員、技術人員分別辦理。

⑵各部由主管擬定教育計劃，會同總務科排日程並邀請各單位管理人員或聘請專家協助講習，以期達成效果。

⑶定期教育訓練依其性質、內容分為普通班(一般員工)及高級班(股長以上管理人員)、但視實際情況可合併舉辦。

⑷高級管理人員教育訓練分為專修班及研修班，由董事長視必要時設訓，其教育的課程進度另定。

⑸普通事務班其教育內容包括一般實務(公務概況、公司各種規章、各部門職責、事務處理程式等)、本公司營業人員(待客接物的禮節及陶冶品格)等精神教育以及新進人員的基本教育。

⑹普通技術班其教育內容應包括一般實務外，並重視技術管理、專修電腦各種知識。

⑺高級事務班以業務企劃為其教育內容，使能經營管理企業，能領導、統禦部屬，並學習有關主管必修的知識與技能。

⑻高級技術班教育內容為通曉法規、瞭解設計、嚴格督導、切實配合工作進度，控制資材節省用料、提高技術水準等並視實際需要制定研修課題。

⑼各級教育訓練的課程進度另定。

⑽各單位主管實施教育訓練的成果列為平時考績考核記錄，以作年終考績的資料，成績特優的員工，可呈請選派赴國外實習或考察。

⑾凡受訓人員於接獲調訓通知時，除因重大疾病或重大事故經該單位主管出具證明申請免予受訓外，應即於指定時間內向主管單位報到。

⑿教育訓練除另有規定外，一律在總公司內實施。

⒀凡受訓期間中，由公司供膳外不給其他津貼。

⒁本辦法經董事長核准後實施，修改時亦同。

第六節　（案例）新進員工入職培訓案例

A 市房地產開發公司下轄三個房地產開發子公司，有職工 650 餘人。去年共招聘新員工 60 人，招聘崗位主要是售樓員。新員工學歷主要為大專及本科，大專以下及本科以上的較少，以行銷、運營和管理專業為主要專業。

每年新員工上崗前召開歡迎儀式，在儀式上由公司總裁對公司情況作簡單介紹後，便安排新員工進行為期半個月的軍訓和企業文化學習。企業文化的學習採用課堂教學，由人力資源部給新員工進行 4 個小時的講解。崗位技能的培訓較為粗略，人力資源部表示不同崗位能力要求差別較大，因此崗位技能主要由新員工在實習期間邊工作邊培訓。

半個月以後新員工分配到各工作部門開始為期三個月的試用期，此階段，各部門都運用「師徒制」的方法來帶新員工，但給新

員工分配的導師基本上都是剛進公司 1 年，自己本身的經驗就不足，結果未達到新員工培訓的目的。試用期出現 3 次以上部門主管認為較嚴重的工作失誤就辭退，新員工由於沒有系統學習過崗位技能，在試用期間的工作中往往小心翼翼，生怕犯錯誤，導致做事束手束腳。

一、新進員工培訓問題診斷

1. 培訓策略缺乏針對性

培訓前沒有對新員工學歷、專業、籍貫等基本情況進行分析，培訓缺乏針對性，所有新職員均採用相同的培訓方式，培訓效果很差。

2. 培訓方法陳舊乏味

公司對新員工的培訓一直沿用體能和行業知識的方式進行，整個過程缺乏新意，體能以強度、體能訓練為主，行業知識為企業文化的灌輸，以講師講授為主，整個培訓內容安排不符合成人學習的特點，導致新員工反感和抵制培訓，以致培訓效果不好。

3. 企業文化單純灌輸

對企業文化和制度的培訓枯燥乏味，不能使新員工對企業文化有切身的感受和認同，進入公司半年的新員工說不出企業文化的內涵，老員工也不能充分理解。

4. 缺少行銷知識培訓

對佔新員工較大部份的售樓員沒有系統的行銷知識的培訓，售樓員往往要在實習期自己摸索著積累銷售經驗，指導老師自己的業績都自顧不暇，在新員工成長中起到的作用不大。

5.缺乏有效評估，培訓沒有與獎懲掛鈎

員工完成培訓內容後，該公司沒有對培訓結果進行過系統、有效、持續的調查評估和回饋工作，缺乏對培訓及培訓效果的評估回饋機制，僅僅是透過培訓後的調查問卷或考試結果瞭解情況。

二、新進員工培訓的改善方案

圖 7-7-1　新進員工培訓流程

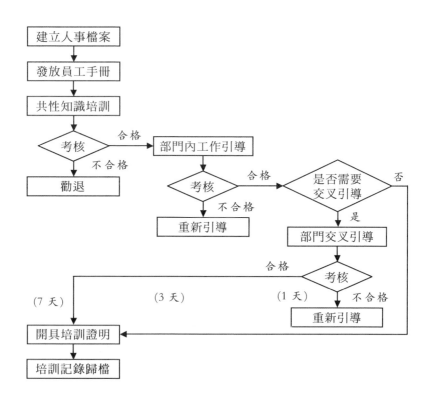

企業新員工的培訓流程：

1. 明確培訓目標

　　對新員工的培訓是新員工全面瞭解公司的有效工具，良好的培訓有助於培養員工歸屬感，同時增進管理者和新員工的互相瞭解，打消他們不安和疑慮的心理，使其儘快適應環境，儘早進入角色。

2. 培訓內容

　　培訓內容包括企業文化制度、崗位技能、職業素質三個方面。

表 7-7-1　新進員工培訓內容安排

培訓類型	培訓內容	培訓目的
企業文化制度	公司經營流程介紹及參觀	讓員工對企業基本理念有所瞭解，提高組織認同感
	公司願景	激發新員工對企業的未來充滿信心，使員工將個人目標與組織願景、工作行為結合起來，激發員工按照組織要求設計高品質目標、提高自我效能
	企業精神	增強員工的凝聚力、感召力和約束力，啟發員工的信任感、自豪感和榮譽感
	價值觀	教給員工判斷事物的標準，促使員工勇於承擔責任、相互關心、追求卓越
	規章制度	幫助員工規範行為模式，使其活動得以合理進行，內外人際關係得以協調，員工的共同利益受到保護
	團隊意識	將個人目標與組織目標相結合，培養集體成就觀，客戶服務意識，積極主動意識，使命感和團隊危機感
	行銷知識	銷售在房地產公司的各個部門中是重中之重，在提倡銷售部員工良性競爭的同時，對銷售部新員工進行重點的行銷知識培訓，讓員工對售樓方法、與客戶接洽技巧、業內規則等知識有所瞭解，明確自己進入銷售崗位後的工作思路

續表

培訓類型	培訓內容	培訓目的
崗位技能	公共英語；崗位技能課程	提高英語口語水準；儘快熟悉公司各經營模塊及主要基本操作技能、本部門職能及與各部門的協調關係、崗位職責、績效標準及業務運作流程
職業素質	形象禮儀培訓；員工安全與消防培訓；職業道德與職業素質	提高新員工的心理素質、意志力、職業素質、個人素養、應變能力等綜合素質。這部份培訓主要是為了讓新員工尤其是剛走出校門的學生完成角色轉換，成為一名職業化的工作人員。可結合宣講公司模範人物的典型事例，將模範人員工作、生活、學習的點點滴滴，總結、提煉出來並融匯、貫穿於模範人物的人格品質，用模範人物的價值觀念、創新精神、工作作風、道德品質與豐碩成果滋潤新員工的心田

3.培訓方法

針對新員工大部份為大專及本科，理解力和學習力較強，網路化水準較高，因此在崗位技能的培訓上除了採用傳統的專家講座法、講授法以外，還採用網路培訓法，拓展訓練法，角色扮演法，實地培訓法等。針對行銷人員的專業訓練中使用沙盤演練等。其中實地培訓法包括工作崗位輪換和「師帶徒」。給每名新員工指定一名本部門老員工做導師，新員工直接與導師一起工作，導師對其輔導幫帶為期一個月。對導師制定培訓激勵機制，對帶得好的導師予以獎金等物質獎勵和授予「優秀導師」等精神獎勵。

4.培訓課程及時間安排(見表 7-7-2)

表 7-7-2　部份培訓時間安排

日期	時間	課程名稱	授課老師
第1天	全天	拓展訓練	教官
第2～3天	全天	軍訓	教官
第4天	08：30～9：30	公司知識	常務副總
	9：45～11：00	公司簡介	培訓主管
	11：00～12：00	參觀公司	培訓主管
	14：15～15：45	服務意識史	培訓經理
	16：00～17：30	公司職業道德	培訓主管
	19：00～20：30	規章制度	培訓經理
第5天	08：45～10：15	禮節禮貌	培訓主管
	10：30～12：00	儀表儀容	培訓主管
	14：15～15：45	微笑服務	培訓經理
	16：00～17：30	服務心理學	外部專家
	19：00～20：30	觀看服務禮儀光碟	培訓主管
第6天	08：45～10：15	公共外語	培訓主管
	10：30～12：00	消防知識	保安部經理
	14：15～15：45	行銷知識培訓一	行銷部經理
	16：00～17：30	行銷知識培訓二	行銷部經理
	晚上	團隊遊戲活動	培訓經理、培訓主管
第7天	08：45～10：15	員工舉止規範	培訓經理
	10：15～12：00	職業生涯規劃	外部專家
	14：15～15：45	入職培訓總考	培訓主管
	17：00	全體新員工晚宴	
第8～30天	全天	各部門酌情培訓	部門主管
一個月後	晚上	結業典禮及晚會	

培訓時間長短視員工情況而定，經理助理、管理人員、廚師、技師及短期工培訓兩天，其他有公司工作經驗的員工培訓 10 天，未有公司工作經驗的實習生培訓半個月，其中，人力資源部的培訓時間不少於 7 天。

培訓教材有：《房地產公司員工手冊》；《新員工職業化訓練教程》、《輔助教材》（時間管理、樂在工作）；《人力資源管理制度》；《行政文件》；《品質管理體系程序文件》；《安全生產管理法規彙編》；以及各部門內訓教材。

5.培訓評估

房地產公司新員工培訓的特點，有針對性地、分層次地進行評估。3 個月後對重點投入項目、關鍵項目——行銷培訓進行第四層次的評估。各個層次採用的方法結合企業自身情況從淺入深地選擇問卷、評估表、筆試、技能操作、績效考核法、收益評價法等。其中對行銷培訓的收益評價法主要考核新員工 3 個月內的售樓業績。

公司在新員工培訓結束時，向受訓人發放調查問卷向其瞭解培訓滿意度。調查問卷嚴格根據評估的目的、要求及重點自行設計，問題涉及課程評估、講師評估、組織評估等內容。

在培訓最後一天進行全體新員工閉卷考試，考試內容覆蓋所有培訓課程。

第 **8** 章

人力資源部的員工薪酬管理

第一節　薪資工作崗位職責

一、薪資主管工作崗位職責

薪資主管主要負責制定公司的薪酬福利政策及收集市場薪酬的數據，進行薪酬日常事務管理，其具體職責如下。

- 根據國家相關法律法規、公司戰略及企業實際情況，制定合埋的薪酬福利體第
- 收集同行業相關企業的福利建設情況，深入瞭解員工需求，及時將分析結果提供給人力資源部經理，並對完善公司的福利建設提合理的建議
- 薪酬福利費用預算及相關的分析
- 薪酬福利相關政策及流程的實施與跟進
- 據績效考核的統計結果/崗位變動以及職位的升遷，按照公司

薪酬管理制度及時調整員工的薪資
· 根據公司業務發展情況和市場水準，制定合理薪酬調整實施辦法
· 協助人力資源部經理不斷完善公司的激勵機制
· 考勤、休假等管理制度的完善與管理

二、薪資專員工作崗位職責

在薪資管理主管的領導下，起草公司的薪酬政策和制度並執行，及時準確地製作各類薪資報表並計發員工薪資。其具體職責如下。

· 在薪資主管的領導下，收集行業薪酬福利狀況的數據並進行分析
· 根據薪酬調查分析的結果並結合公司的實際情況，起草公司的薪酬福利制度
· 協助經理進行公司薪酬福利總額預算、核定、申報工作，實現人工成本合理化
· 編制員工薪資報表，報送內務部，保證薪資的按時發放
· 負責各項福利保險統計、製錶、繳費、基數核定等工作
· 解決與薪資管理相關的日常管理問題，向薪資主管提供合理有效的建議
· 員工薪酬動態記錄和分析

第二節　員工薪酬福利管理工作流程圖

一、員工薪酬福利管理工作流程

圖 8-2-1　員工薪酬福利管理工作流程

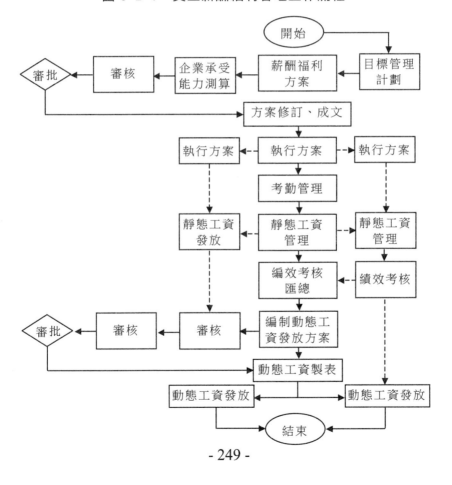

二、員工獎金發放管理工作流程

圖 8-2-2　員工獎金發放管理工作流程

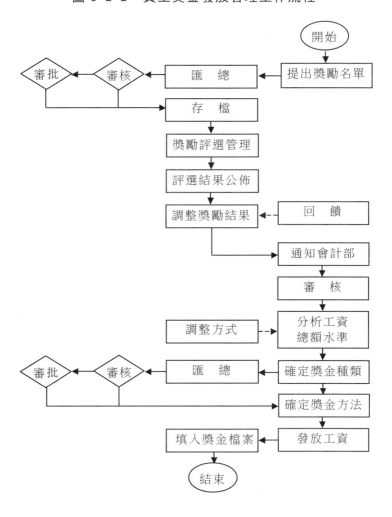

三、員工薪資發放管理工作流程

圖 8-2-3　員工薪資發放管理工作流程

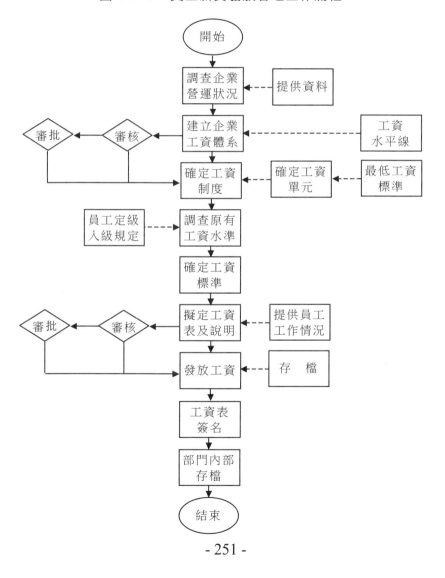

四、員工薪資調整管理工作流程

圖 8-2-4　員工薪資調整管理工作流程

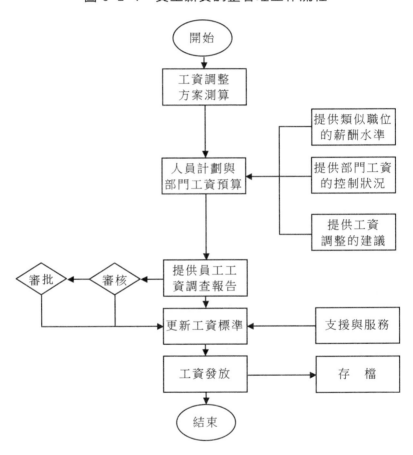

第三節　薪酬管理方案

為激發員工的積極性，提高公司的效率，建立起規範合理的薪資分配體系，特制定本方案。

一、薪資構成

計時人員薪資構成由崗位薪資、出勤薪資、加班薪資、獎金、年功薪資、午餐補助 6 部份構成。

(一)崗位薪資

崗位薪資是員工薪酬組成中最重要的一部份。以勞動強度、勞動責任、工作技能、工作環境為標準，將生產一線人員崗位薪資標準劃分為三級六等。

表 8-3-1　不同等級崗位的薪資標準

崗位等級	薪資標準	
	A	B
一級	850	950
二級	1000	1100
三級	1200	1300

(二)出勤薪資

必要的、嚴格的、規範的考勤管理是圓滿完成各項工作的重要保證。為此，公司設立出勤薪資，以月為計發週期。

表 8-3-2　員工出勤薪資核算辦法

出勤狀況		計算標準
全勤		獎勵 150 元/月
遲到(早退)	10 分鐘以內	扣除 8 元/次
	超過 10 分鐘且 30 分鐘以內	扣除 15 元/次
	超過 30 分鐘	扣半天薪資/次
事假	1 天以內	扣 1 天的薪資
	超過 1 天且 2 天以內	扣減的薪資=員工 2 天的薪資×1.5
	3 天以上	具體參照相關人事管理規定執行
病假	第 1 天	扣除日薪資的 25%
	第 2 天	扣除日薪資的 35%
	第 3 天	扣除日薪資的 50%
	4 天以上	具體參照相關人事管理規定執行
曠工	第 1 天	扣除 1.5 倍日薪資
	第 2 天	扣除 2 倍日薪資
	3 天以上	視為自動離職

(三)加班薪資

加班適用於以下兩種情況。

①在正常工作時間內不能完成而又必須在規定的時間內完成的工作。

②臨時佈置的緊急生產任務。

加班薪資的計算，根據相關法律法規規定的標準予以執行。

(四)獎金

1.績效獎金

以季為週期，根據各生產工廠的任務完成情況定期計發，具體計算標準見下表。

表 8-3-3　績效獎金核算標準一覽表

生產任務完成情況	工廠績效獎金核算標準
完成規定的生產任務	不獎不懲
＿＿＿%≤超額完成生產任務≤＿＿＿%	所創造的超額利潤＿＿＿%
＿＿＿%<超額完成生產任務≤＿＿＿%	所創造的超額利潤＿＿＿%
＿＿＿%<超額完成生產任務≤＿＿＿%	所創造的超額利潤＿＿＿%
超額完成生產任務>＿＿＿%	所創造的超額利潤＿＿＿%

個人績效獎金根據考核係數來計算，具體見部門獎金分配辦法。

2.優秀員工獎

員工績效考核連續三次評分在 85 分以上者，公司給予頒發「優秀員工」的獎狀，並獎勵 200 元/次。

(五)年功薪資

根據員工為公司的服務年限不同，員工所享受的年功薪資待遇也有所不同。

年功薪資的核算標準是＿＿＿元/年，即員工為公司服務每滿一年，享受＿＿＿元的年功薪資。

(六)午餐補助

公司為生產人員提供午餐補貼＿＿＿元/天，午餐補貼每月結算一次，按實際出勤天數乘以每天的午餐補助標準與每月薪資一同支付。

二、提薪規定

(一)提薪類型

如表 8-3-4 所示。

表 8-3-4　提薪類型

提薪類型	相關說明
定期提薪	1. 提薪日期每年的＿＿月＿＿日 2. 提薪幅度根據公司經營效益的結果，確定提薪總額，各個職位的提薪幅度根據績效考核的成績來確定
臨時提薪	適用情況 1. 取得了新的學歷，與現行薪資不足該學歷的初期任職薪資 2. 員工晉升到更高一個等級的職位 3. 符合勞動協議規定的獎勵，被認為應該提薪
按技能提薪	員工取得相關技術職稱或工作能力達到某種技術水準時

(二)提薪管理

1. 提薪後的薪酬支付

正式確認已被提薪且辦理相關手續後的員工，其薪酬變動情況將在員工本月的薪資單中得到反映。

2. 提薪的管理遵循客觀公正的原則。

主要表現在對每個員工的考察，都必須實事求是。

第四節 薪酬與福利制度

一、員工福利管理制度

為營造一個良好的工作氣氛，吸引人才，鼓勵員工長期為公司服務並增強公司的凝聚力，以促進公司的發展，特制定本制度。

第一章 福利的種類及標準

第一條 社會保險

公司按照相關法律規定為員工繳納養老保險、醫療保險、工傷保險、生育保險、失業保險。

第二條 企業補充養老保險

企業補充養老保險是指由企業根據自身經濟實力，在規定的實施政策和實施條件下，為本公司員工所建立的一種輔助性的養老保險。

(1)公司補充養老保險資金來源主要管道

①參保員工繳納的部份費用。

②公益金。

③福利金或獎勵基金。

(2)公司與參保員工繳費比例

企業每個月繳費比例為參加補充養老保險職工薪資總額的＿＿%，員工每月繳費為其月薪資總額的＿＿%。

第三條　各種補助或補貼

(1)工作餐補助

其發放標準為每人每日＿＿元，每月隨薪資一同發放。

(2)節假日補助

每逢春節、中秋節，公司為員工發放節日賀禮，正式員工每人＿＿元。

(3)賀禮

①生日賀禮

正式員工過生日時，公司為員工發放生日賀禮＿＿元，並贈送由總經理親筆簽名的生日賀卡。

②結婚賀禮

公司正式聘用員工滿一年及以上者，給付結婚賀禮＿＿元，正式聘用未滿半年者賀禮減半，夫妻雙方都在公司服務的正式聘用員工賀禮加倍。

第四條　教育培訓

為不斷提升員工的工作技能和員工自身發展，公司為員工提供定期或不定期的相關的培訓，其採取的方式主要有在職培訓、短期脫產培訓、公費進修、出國考察等。

第五條　設施福利

旨在為豐富員工的業餘生活，培養員工積極向上的道德情操而設立的福利項目，包括組織旅遊、開展文體活動等。

第六條　工作保護

①因工作需要勞動保護的崗位，公司必須發放在崗人員工作保護用品。

②員工在崗時，必須穿戴勞動工作保護用品，不得私自挪作他用。員工辭職或被退休離開公司時，需到人力資源部交還用品。

第七條　各種休假

(1)國家法定假日國家法定假日包括元旦、勞工節、國慶日、春節。

(2)帶薪年假

員工為公司服務每滿 1 年可享受天的帶薪年假；每增 1 年相應增 1 天，但最多為___天。

(3)其他假日

員工婚嫁、產假、事假、病假期間，其休假待遇標準如下表所示。

表 8-4-1　休假待遇標準

假日	相關說明	薪資支付標準
婚嫁	符合婚姻法規定的員工結婚時，享受 3 天婚假。若是晚婚，除享受國家規定的婚假外，增加晚婚假 7 天	全額發放員工的基本薪資
產假	女職工的產假有 90 天，產前假 15 天，產後假 75 天。難產的，增加產假 15 天。多胞胎生育的，每多生育一個嬰兒增加產假 15 天	按相關法律規定和公司政策執行
事假	必須員工本人親自處理時，方可請事假並填寫請假單	扣除請假日的全額薪資
病假	1. 員工請病假，需填寫請假單 2. 規定醫療機構開具的病休證明	本人所在崗位標準薪資的___%確定

第二章　員工福利管理

第一條　人力資源部於每年年底必須將福利資金支出情況編制成相關報表，交付相關部門審核。

第二條　福利金的收支賬務程序依照一般會計制度辦理，支出金額超過元以上者需提交總經理審核。

二、員工保險管理制度

為實施公司福利制度方案，建立合理的員工保險體系，特制定本辦法。

第一章　社會保險險種

第一條　社會保險

主要有養老保險、醫療保險等五類險種，如下表所示。

表 8-4-2　社會保險主要險種介紹

社會保險險種	相關說明	繳費基數及比例
養老保險	1. 實行公司繳費與個人繳費相結合 2. 養老保險費用由國家、公司和個人 3. 方或單位與個人雙方負擔，實行社會統籌和個人帳戶相結合的方式管理	按相關法律規定執行
醫療保險	1. 實行屬地管理 2. 醫療保險費用由公司和個人共同繳納	
失業保險	目的在於保障失業人員失業期間的基本生活，同時促進其積極就業	
工傷保險	由公司根據員工薪資總額的一定比例繳納，員工個人不繳費	
生育保險	主要用於保障公司女職工的合法權益，保障她們在生育期間得到必要的補償和保健	

第二條　失業保險

第二章　部份社會保險金的領取及發放標準

表 8-4-3　失業保險金領取條件及計算標準

失業保險金的領取條件	失業保險金的計算標準
1. 按照規定參加失業保險，所在單位和本人已按照規定履行繳費義務滿一年 2. 非因本人意願中斷就業的 3. 已辦理失業登記並有求職要求的	1. 失業員工領取失業救濟金的計算標準，按其連續工作年限每滿 6 個月計發 1 個月的失業救濟金，但最高不超過 24 個月 2. 失業員工重新就業滿 1 年後再次失業的，享受失業保險待遇的期間按照其重新就業後的工作時間計算 3. 失業保險金的月發放標準按照低於當地最低薪資、高於城市居民最低生活保障標準的水準，由相關政府部門確定

第三條　失業人員在領取失業保險金期間有下列情形之一的，停止領取失業保險金並同時停止享受其他失業保險待遇。

①重新就業的。

②參軍或出國定居。

③無正當理由，拒不接受當地人民政府制定的或者相關機構介紹的工作的。

④在領取期間被勞教或被判刑。

第四條　工傷保險待遇

(1)工傷保險待遇範圍

①工作時間在本公司從事日常生產、工作。

②從事公司臨時指派的工作。

③經本單位負責人安排或者同意，從事與本公司工作有關的科學研究及試驗、發明創造或技術改造工作的。

④公司從事某種專業性工作而引起職業病(符合衛生部公佈的

有關職業病規定)達到評殘等級。

⑤在上下班時間及必經路線上，發生無本人責任或者非本人主要責任的道路交通事故。

⑵工傷保險待遇

①員工因工負傷，醫療費用和住院膳食費用全部由公司承擔，醫療時間至醫療終止時止。醫療期間，原標準薪資照發，直至醫療結束時止。

②員工患職業病，凡被確診的，享受國家規定的工傷保險待遇或職業病待遇。

③員工因工致殘，經勞動鑑定委員會確認的，按傷殘等級發給證書並享受相應待遇：完全喪失勞動能力的，按規定實行退休；部份喪失勞動能力的，公司安排力所能及的工作；因變崗降低了薪資，應發給因工傷殘補助費。

第五條　生育保險待遇

根據國家有關規定，公司對女員工實行特殊勞動保護。

①禁止女員工從事不利於身體健康的工作。

②劃定女員工經期、已婚特孕期、懷孕期、哺乳期禁忌從事的勞動範圍，並嚴格遵守。

③女員工在懷孕期、產期、哺乳期，享有基本薪資，不得解除工作合約，允許在勞動時間內進行產前檢查。

④女員工產假為 90 天。其中，產前休假 15 天；難產增加休假 15 天。

第三章　保險管理

第六條　公司為每位員工建立保險工作卡或保險檔案。

第七條　保險範圍一般在國內。出境考察或在國外長期工作的

保險，可預先在國內投保或按所在國規定辦理。

第八條　及時辦理與員工新聘用、調崗和辭退相關的保險關係的初建、增減、企業間轉移、撤保、續約等事務。

第九條　本辦法與當地政府規定抵觸時，以當地政府規定為準。

三、員工保健管理制度

第一章　體檢

第一條　新進入公司員工必須進行健康體檢，體檢合格者，方可成為本公司的一員。

第二條　公司於每年＿＿月為員工進行健康檢查，檢查所需的費用由公司承擔。

第二章　下列業務必須採取必要的衛生措施

第三條　在有害氣體、粉塵較多的工作現場，必須安裝換氣或排氣裝置。

第四條　排放有害物質時，必須採取過濾、沉澱、淨化和消毒措施。

第五條　在強噪音工作現場，必須採取降噪措施。

第三章　禁入場所

第六條　下列場所，禁止無關者進入。

①高熱處理工廠。

②可能有有害放射射線的工作現場。

③碳酸瓦斯濃度超過＿＿%或氧氣濃度低於＿＿%的工作現場。

④其他存留有害物質的場所。

第四章　勞動衛生保護用具的配發

第七條　安全衛生管理者在必要的工作現場應配發防護裝、手套、防護眼鏡等。衛生保護用具由現場安全衛生委員負責管理。員工應妥善保管保護用具，如果有損壞，應通過主管上級報告安全衛生委員。

第八條　從事下列工作的員工，必須使用勞動安全保護用具。

①從事有害物質加工作業。

②高空、高溫、噪音污染嚴重環境工作。

③法律規定的其他情形。

第五章　員工食堂的管理

第九條　餐具必須消毒後再使用。

第十條　餐具、食品材料必須認真管理，防止蟲害、鼠害。第

第十一條　污水和廢棄物必須傾倒在指定地點。

第十二條　注意防止食物污染或黴變。

第十三條　操作間禁止他人出入。

第六章　女員工勞動保護規定

第十四條　不得在女員工懷孕、產期、哺乳期降低其基本薪資或者解除其工作合約。

第十五條　女員工在月經期間，所在部門不得安排其從事高溫、低溫、冷水和國家規定的第三級體力勞動強度的勞動。

第十六條　女員工在懷孕期間，所在部門不得安排其從事國家規定的第三級體力勞動強度的勞動和孕期禁忌從事的勞動，不得在正常勞動日以外延長勞動時間，已不能勝任原勞動的，應根據醫院的證明，予以減輕勞動量或者安排其他勞動。

四、員工獎金管理制度

為了合理分配員工勞動報酬，激發員工的積極性、能動性和創造性，特制定本制度。

第一章　獎金分配的原則

第一條　鼓勵先進，鞭策後進，獎優罰劣，獎勤罰懶。

第二條　貫徹多超多獎、少超少獎、不超不獎的獎金分配原則。

獎金是員工薪資的重要補充，是激勵員工的重要手段，是公司對員工超額勞動部份或勞動績效突出的部份所支付的勞動報酬。獎金的設計在薪酬設計中佔有重要地位，並對員工有較強的激勵作用，公司設立的獎金項目有全勤獎、績效獎、項目獎金、優秀部門獎、優秀員工獎、創新獎 6 個獎項。

第二章　全勤獎

為獎勵員工出勤，減少員工請假，特設立此獎金項目。

第三條　獎金數額＿＿＿元。

第四條　獎勵以月為週期。

第五條　發放標準

①當月全勤者，計發全額獎金。

②於當月請假者，事假一次，扣除全勤獎的＿＿%，事假兩次，不計發全勤獎；病假，扣除全勤獎的＿＿%～＿＿%不等，具體比例根據實際情況而定。

第三章　績效獎金

第六條　績效獎分為季績效獎和年度績效獎兩種。

第七條　績效獎金的發放總額由公司經營績效決定，其具體獎勵標準可以根據獎勵指標完成程度來制定。生產部門和銷售部門的部份獎勵指標如下表所示。

表 8-4-4　生產部門和銷售部門的部份獎勵指標

部門	獎勵指標
生產部門	生產產量
	良品率
	產品投入產出比
	省料率
銷售部門	成本節約
	銷售額
	銷售目標達成率
	回款完成率
	客戶保有率

第四章　項目獎金

第八條　項目獎金是針對研發人員而設立的獎項，見表 8-4-5。一般以項目的完成為一個週期。

表 8-4-5　項目獎金的評定標準

評定指標	獎勵標準
項目完成時間	項目產值的＿＿＿%
成本節約	項目產值的＿＿＿%
項目完成的品質	項目產值的＿＿＿%
項目的專業水準	項目產值的＿＿＿%

第五章　其他獎項

第九條　其他獎項包括優秀部門獎、優秀員工獎、創新獎 3 種。
各自的獎勵條件和獎勵標準見下表。

表 8-4-6　獎勵條件和獎勵標準

獎項類別	獎勵條件	獎勵標準
優秀部門獎	1. 業績突出 2. 公司評選得票最高者	獎勵＿＿元
優秀員工獎	1. 連續三次及以上績效考核被評為優秀者 2. 獲得所在部門員工的認同	獎勵＿＿元
創新獎	1. 在原有技術上有創新，且在實踐中大大提高了生產效率 2. 開拓新業務且切實可行，為公司帶來可較高的效益	由總經理核定

第五節　員工薪酬管理制度

一份合理、合法的薪酬制度更能幫助企業靈活操作，規避法律風險，設計一份合法有效且全面的薪酬制度是每個企業的當務之急。

第一章　總則

第一條　目的

為規範公司及各成員公司薪酬管理，充分發揮薪酬體系的激勵作用，特制定本制度。

第二條　薪酬制度制定原則

①競爭原則公司保持薪酬水準具有相對市場競爭力。

②公平原則使公司內部不同職務序列、不同部門、不同職位員工之間的薪酬相對公平合理。

③激勵原則公司根據員工的貢獻，決定員工的薪酬。

第三條　適用範圍

本薪酬制度適用公司所有員工。

第二章　薪酬構成

薪酬設計按人力資源的不同類別，實行分類管理，著重體現崗位(或職位)價值和個人貢獻。鼓勵員工長期為企業服務，共同致力於企業的不斷成長和可持續發展。同時共用企業發展所帶來的成果。

第一條　公司正式員工薪酬構成

①高層薪酬構成=基本年薪+年終效益獎+股權激勵+福利

②員工薪酬構成=崗位薪資+績效薪資+工齡薪資+各種福利+津貼或補貼+獎金

第二條　試用期員工薪酬構成

公司一般員工試用期為 1～6 個月不等，具體時間長短根據所在崗位而定。

員工試用期薪資為轉正後薪資的 70%～80%，試用期內不享受正式職工所發放的各類補貼。

第三章　薪資系列

企業根據不同職務性質，將公司的薪資劃分為行政管理、技術、生產、行銷、後勤 5 類薪資系列。員工薪資系列適用範圍詳見下表。

表 8-5-1　薪資系列適用範圍表

薪資系列	適用範圍
行政管理系列	1. 公司高層主管 2. 各職能部門經理 3. 行政部(勤務人員除外)、人力資源部、財務部、審計部所有員工
技術系列	產品研發部、技術工程部所有員工(各部門經理除外)
生產系列	生產部門、品質管制部門、採購部門所有員工(各部門經理除外)
行銷系列	市場部、銷售部所有員工
後勤系列	一般勤務人員如司機、保安、保潔員等

第四章　高層管理人員薪資標準的確定

第一條　基本年薪

基本年薪是高層管理人員的一個穩定的收入來源，它是由個人資歷和職位決定的。該部份薪酬應佔高層管理人員全部薪酬的 30%～40%左右。

其薪酬水準由薪酬委員會來確定，確定的依據是上一年度的公司總體經營業績以及對外部市場薪酬調查數據的分析。

第二條　年終效益獎

年終效益獎是對高層管理人員經營業績的一種短期激勵，一般以貨幣的形式於年底支付，該部份應佔高管全部薪酬的 15%～25%左右。

第三條　股權激勵

這是非常重要的一種激勵手段。股權激勵主要有股票期權、虛擬股票、限制性股票等方式。

第五章　一般員工薪資標準的確定

第一條　崗位薪資

崗位薪資主要根據崗位在公司中的重要程度確定薪資標準。公司實行崗位等級薪資制，根據各崗位所承擔工作的特性及對員工能力要求不同，將崗位劃分為不同的級別。

影響職務等級薪資高低的因素包括以下幾點。

①工作的目標、任務與責任。

②工作的複雜性。

③工作強度。

④工作的環境。

表 8-5-2　公司職務等級劃分表

職務等級	決策	管理	技術	生產	行銷	勤務類
十五						
十四	總裁					
十三	副總裁					
十二						
十一		總經理 副總經理 各職能部門 經理				
十						
九			高級 工程師			
八						
七						
六			工程師			
五				工廠 主任		
四						
三					高級 業務員	
二						保安、
一						司機等

第二條　公司職務等級劃分標準

將公司崗位職務薪資劃分為 15 個等級，表 8-5-2 列舉了部份職位等級。

第三條　績效薪資

績效薪資根據公司經營效益和員工個人工作績效計發。公司將員工績效考核結果分為五個等級，其標準見下表。

表 8-5-3　績效考核標準劃分

等級	S	A	B	C	D
說明	優秀	良	好	合格	差

績效薪資分為月績效薪資、年度績效獎金兩種。

①月績效薪資：員工的月績效薪資同崗位薪資一起按月發放，月績效薪資的發放額度依據員工績效考核結果確定。

②年度績效獎金：公司根據年度經營情況和員工一年的績效考核成績，決定員工的年度獎金的發放額度。

第四條　工齡薪資

工齡薪資是對員工長期為企業服務付出所給予的一種補償。其計算方法為從員工正式進入公司之日起計算，工齡每滿一年可得工齡薪資 10 元/月；工齡薪資實行累進計算，滿 10 年不再增加；按月發放。

第五條　獎金

獎金是對做出重大貢獻或優異成績的部門或個人給予的獎勵。

第六章　員工福利

福利是在基本薪資和績效薪資以外，為解決員工後顧之憂所提供的一定保障。

第一條　社會保險

公司根據國家和地方相關法律與規定為員工繳納養老、失業、醫療、工傷、生育保險。

第二條　法定節假日

公司按照相關法律法規為員工提供相關假期，法定假日共10天。

第三條　帶薪年假

員工在公司工作滿 1 年可享受個工作日的帶薪休假，以後在公司工作每增加一年可增加＿＿個工作日的帶薪休假，但最多不超過個工作日。

第四條　其他帶薪休假

公司視員工個人情況，員工享有婚假、喪假、產假、哺乳假等有薪假。

第五條　津貼或補貼

(1)住房補貼

公司為員工提供宿舍，因公司原因而未能享受公司宿舍的員工，公司為其提供每月＿＿元的住房補貼。

(2)加班津貼

凡制度工作時間以外的出勤為加班，主要指休息日、法定休假日加班，以及工作日八小時的延長作業時間。

加班時間必須經主管認可，加班時間不足半小時的不予計算。其加班津貼計算標準如下。

表 8-5-4　加班津貼支付標準

加班時間	加班津貼
工作日加班	每小時加班薪資=正常工作時間每小時薪資×150%支付
休息日加班	每小時加班薪資=正常工作時間每小時薪資×200%支付
法定節假日加班	每小時加班薪資=正常工作時間每小時薪資×300%支付

(3)學歷津貼與職務津貼

為鼓勵員工不斷學習，提高工作技能，特設立此津貼項目，其標準如下。

表 8-5-5　學歷津貼、職務津貼支付標準

津貼類型		支付標準
學歷津貼	本科	_____元
	碩士	_____元
	博士及以上	_____元
職務津貼	初級	_____元
	中級	_____元
	高級	_____元

(4)午餐補助

公司為每位正式員工提供元/天的午餐補助。

第七章　薪酬調整

薪酬調整分為整體調整和個別調整兩種。

第一條　整體調整指公司根據企業發展戰略變化以及公司整體效益情況而進行的調整，包括薪酬水準調整和薪酬結構調整，調整幅度由人力資源部根據公司經營狀況，擬定調整方案報總經理審批後執行。

第二條　個別調整主要指薪資級別的調整，分為定期調整與不定期調整

①薪資級別定期調整指公司在年底根據年度績效考核結果對員工崗位薪資級別進行的調整。

②不定期調整，指公司在年中由於員工職務變動等原因對員工薪資級別進行的調整。

表 8-5-6　薪級調整標準

考核結果	職務薪資升（降）級
年度累計 4 次及以上達到 S 級	+3
年度累計 3 次及以上達到 A 級	+2
年度累計沒有一次為 C 級及以下	0
年度累計 2 次及以上達到 D 級	−1
年度累計 3 次及以上達到 D 級	−2

第八章　薪酬發放

第一條　發放時間

員工薪資實行月薪制。每月 10 日支付上月薪資，以法定貨幣支付，若遇支薪日為休假日時，則調整至休假日前一天發放。

第二條　薪資中公司代扣的項目

①員工個人所得稅。

②應由員工個人繳納的社會保險。

③與公司簽訂的協定中應從個人薪資中扣除的款項。

④法律、法規規定的以及公司規章制度規定的應從薪資中扣除的款項。

第 **9** 章

人力資源部的員工績效考核管理

第一節　績效工作崗位職責

一、績效主管的工作崗位職責

　　績效考核是反映企業員工工作成績的一把測量尺,而績效主管則是握管這把尺子的人,在企業中績效主管的主要工作職責如下。

・協助人力資源經理建立員工考核制度,並經批准後實施

・編制各部門員工績效考核表,制定各部門績效考核指標體系

・組織定期的考核活動,包括通知草擬、會議組織、原則宣傳、資料收集等

・定期從各部門獲得工作業績評估和考核信息

・匯總考核信息,撰寫考核分析報告並上報人力資源部經理

・根據績效考核情況和相關規定,報經管理層審批後,對相關員工實施獎懲

· 協助人力資源部經理及用人部門主管對擬晉升人員進行考核
· 與被考核者進行專題對話，撰寫考核分析報告
· 協助薪酬主管制定和修改加班薪資發放與獎金激勵制度規範
· 指導、協助各部門進行績效考核工作，並負責與考核相關制度的解釋工作
· 進行考核制度研究工作。提出改善建議，經批准後實施制度修訂工作
· 完成領導臨時交辦的其他工作

二、績效專員的工作崗位職責

績效專員是績效管理工作主要的執行人之一，對協調和輔助企業內各部門績效考核工作開展負有不可推卸的責任，其主要職責。

· 協助績效主管編制各部門員工績效考核表，制定各部門績效考核指標體系
· 協助考核主管完成各種報告、文件的草擬印發等工作
· 隨時掌握各部門考核動態，及時向考核主管彙報
· 協助各部門做好績效考核執行工作
· 對各部門考核過程進行跟蹤並對其中產生的疑問進行解答
· 受理和處理員工考核投訴，對不能給予解決的要及時報告給考核主管
· 保存和管理考核檔案，並對考核檔案進行分類整理
· 為考核主管制定考核體系提供相關支援
· 協調部門之間的運作關係，提供正確的績效考核信息和建議
· 協助本部門同事完成其他工作
· 完成領導臨時交辦的其他工作。

第二節　目標設定工作流程圖

一、目標設定工作流程

圖 9-2-1　目標設定工作流程

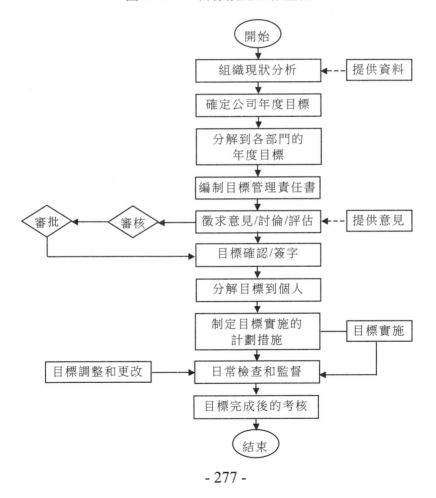

二、考核標準的制定工作流程

圖 9-2-2 考核標準的制定工作流程

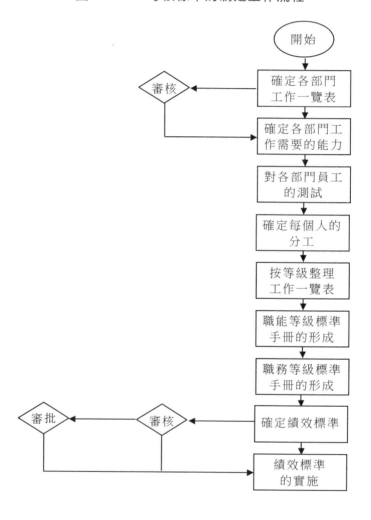

三、績效管理工作流程

圖 9-2-3　績效管理工作流程

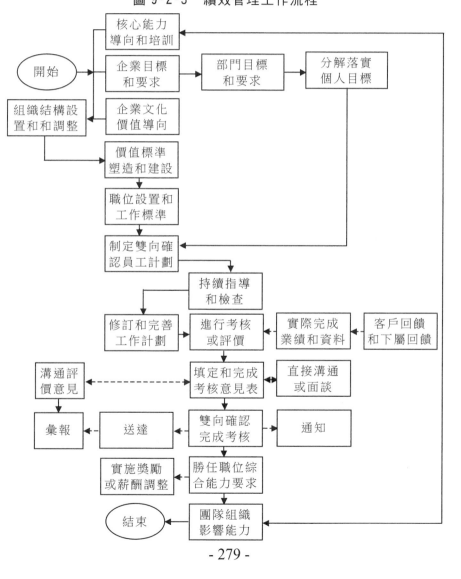

四、月績效考核工作流程

圖 9-2-4　月績效考核工作流程

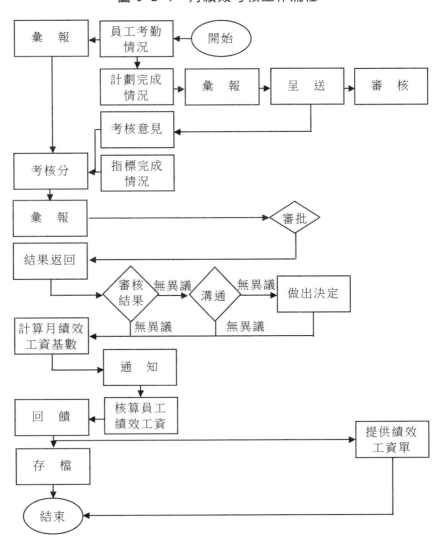

五、管理人員績效考核工作流程

圖 9-2-5　管理人員績效考核工作流程

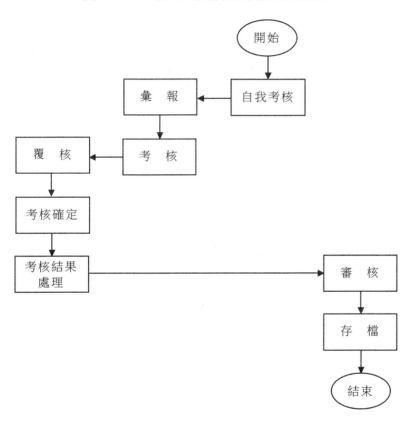

六、中層管理者績效工作流程

圖 9-2-6　中層管理者績效工作流程

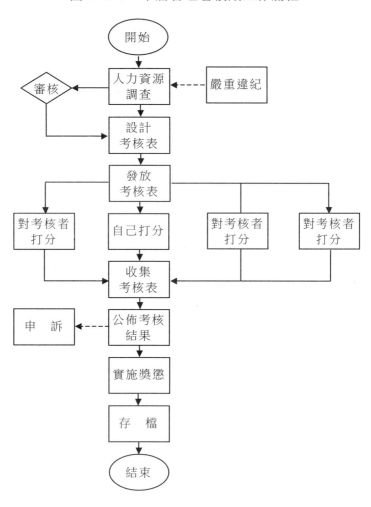

七、高層績效考核工作流程

圖 9-2-7　高層績效考核工作流程

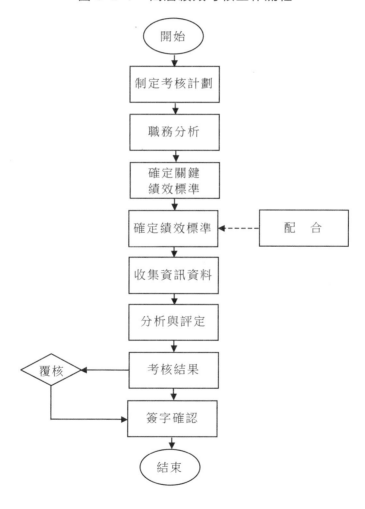

八、高層人員績效考核工作流程

圖 9-2-8　高層人員績效考核工作流程

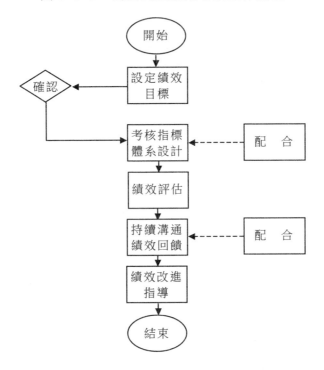

九、員工獎懲管理工作流程工作標準

圖 9-2-9　員工獎懲管理工作流程工作標準

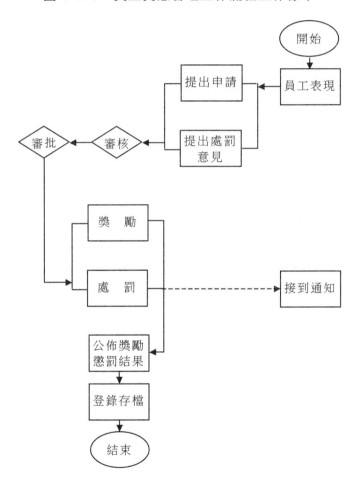

十、員工績效考核申訴管理工作流程

圖 9-2-10　員工績效考核申訴管理工作流程

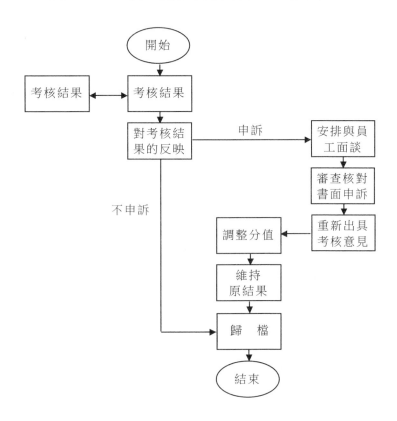

第三節　績效管理制度

一、員工獎懲考核管理制度

第一章　總則

第一條　目的

為嚴明紀律，獎勵先進，處罰落後，激發員工積極性，提高工作效益和經濟效益，特制定本制度。

第二條　適用範圍

本制度適用於除部門經理級以上的公司員工。

第三條　基本原則

①精神鼓勵和物質鼓勵相結合，對違反規章制度，堅持以教育為主、懲罰為輔的原則。

②制度面前人人平等，所有員工無論職位高低在適用獎懲規範時一律平等。

③處理獎懲以事實為依據，以制度為準繩。

第二章　獎勵考核管理

第一條　獎勵方法

(1)晉升

職務、薪級提高，分為依照薪酬制度和其他規定晉升和越級晉升兩種。

(2)加薪

職務、級別不變,增加月薪數額,根據實際情況每月增加 50～2000 元。

(3)獎金

一次性給予現金或其他有價物品獎勵,根據實際情況獎勵現金,數額不限。

(4)記大功

一年內記小功兩次的給予加薪。

(5)記小功

一年內記小功三次為記大功一次。

(6)嘉獎

一年內記嘉獎三次為記小功一次。

第二條　獎勵審批權限類別

表 9-3-1　獎勵審批權限

獎勵類別	權限歸屬	部門主管	部門經理	人力資源部經理	總經理	備註
晉升	一般晉升	提議	審核	批准		
	越級晉升		提議	審核	備案	
加薪	0～1000 元	提議	審核	批准		
	1000～3000 元		提議	審核	備案	
	3000 元以上			提議	批准	
獎金	0～1000 元	提議	審核	批准		
	1000～3000 元		提議	審核	備案	
	3000 元以上			提議	批准	
記功	記大功	提議	審核	批准		
	記小功	提議	批准	備案		
嘉獎		提議	批准	備案		

　　獎勵審批權限類別分為提議、審核、覆核、批准、備案，具體審批權限歸屬見表 9-3-1。

　　第三條　獎勵種類

　　本公司獎勵分為服務年資獎、創新獎、功績獎和全勤獎 4 種。

　　(1)服務年資獎

　　員工服務年資滿 10 年、20 年及 30 年，其服務成績與態度均屬於優秀的，分別授予服務 10 年銅制獎章、服務 20 年銀制獎章及服務 30 年金制獎章。

　　(2)創新獎

　　員工符合下列條件之一者，經審查合格後授予創新獎。

　　①設計新產品，對本公司有特殊貢獻的。

　　②從事有益業務的發明或改進，對節省經費、提高效率或對經營合理化的其他方面做出貢獻的。

　　③在獨創性方面尚未達到發明的程度，但對生產技術等業務確有特殊貢獻的。

　　(3)功績獎

　　員工符合下列條件之一的，經審查合格後授予功績獎。

　　①從事對本公司有顯著貢獻的特殊行為的。

　　②對提高本公司聲譽有特殊功績的。

　　③對本公司的損害能夠防患於未然者。

　　④遇到非常事變，如災害事故等，能臨機應變，措施得當者。

　　⑤敢冒風險，救護公司財產及人員脫離危難的。

　　(4)全勤獎

　　員工連續一年未請病、事假或遲到早退者，經審查合格後授予全勤獎。

　　第四條　獎勵條件

對下列表現之一的員工，應當給予獎勵。

· 遵紀守法，執行公司規章制度，思想進步、文明禮貌、團結互助、事蹟突出。

· 一貫忠於職守、積極負責、廉潔奉公，全年無事故。

· 完成計劃指標，經濟效益良好。

· 積極向公司提出合理化建議，並為公司採納。

· 全年無缺勤，積極做好本職工作。

· 維護公司利益，為公司爭得榮譽，防止事故或挽救經濟損失。

· 維護財經紀律，抵制歪風邪氣且事蹟突出。

· 節約資金，節儉費用數額較大。

· 領導有方，帶領員工出色完成各項任務。

· 堅持自學，不斷提高業務水準，任職期內取得大專以上文憑或獲得其他專業證書。

· 為公司做出其他貢獻，董事會或總經理認為應當給予獎勵的。

第五條　獎勵程序

(1)獎勵評選和考核的組織

各部門根據各類具體獎勵實施方案，組織實施，經考核和評選得出獎勵結果。

(2)獎勵申請

各部門根據各類獎勵評選和考核後的結果，確定獎勵人員和應受獎勵的種類和具體數額，填寫獎勵申請表並提交相關依據和資料，按審批權限逐級上報。

(3)獎勵裁決

獎勵裁決部門和管理人員根據申請人提交的資料進行審核，依據相關規定按權限做出獎勵裁決並通知本人。

第三章　處罰考核管理

第一條　處罰辦法

(1)免職

免職後永不錄用，因觸犯法律而免職的應送司法機關偵辦。

(2)降級

降低職務或薪資等級。

(3)降薪

每月薪資降低一定數額。

(4)記大過

一年內記大過兩次的給予降薪。

(5)記小過

一年內記小過三次為記大過一次。

(6)警告

一年內記警告三次為記小過一次。

第二條　處罰審批權限類別

處罰審批權限類別分為提議、審核、覆核、批准和備案，具體審批權限歸屬見下表 9-3-2。

**第三條　**員工有下列行為之一者，經批評教育不改的，視情節輕重，分別給予警告、記過、降薪、降級、免職等處分。

(1)違反國家法規、法律、政策和公司規章制度，造成損失或不良影響的。

(2)違反勞動法規，經常遲到、早退、曠工、消極怠工、沒完成工作任務的。

(3)不服從工作安排和調動，或無理取鬧影響工作秩序的。

(4)拒不執行董事會決議及總經理、經理或部門決定，干擾工作的。

表 9-3-2 處罰審批權限表

權限歸屬 / 獎勵類別		部門主管	部門經理	人力資源部經理	總經理	備註
免職	一般員工		審核	審核	備案	
	主管級以上		提議	提議	批准	
降薪	0～500 元	提議	審核	批准		
	500～1000 元		提議	審核	備案	
	1000 元以上			批准		
獎金	0～500 元	提議	審核	審核		
	500～1000 元		提議	批准	備案	
	1000 元以上			提議	批准	
記功	記大功	提議	審核	批准		
	記小功	提議	批准	備案		
警告		提議	批准	備案		

⑸工作不負責，損壞設備、工具，浪費原材料、能源，造成損失的。

⑹怠忽職守，違章操作或違章指揮，造成事故或損失的。

⑺濫用職權，違反財經紀律，揮霍浪費公司財務，損公肥私，造成損失的。

⑻財務人員不堅持財經制度，喪失原則，造成損失的。

⑼貪污、盜竊、行賄受賄、敲詐勒索、賭博、流氓、鬥毆，尚未達到刑事處分的。

⑽挑動是非，破壞團結，損害他人名譽或領導威信，影響惡劣的。

⑾洩露公司秘密，把公司客戶介紹給他人或向客戶索取回扣、介紹費的。

⑿散佈謠言，損害公司聲譽或影響股價穩定的。

⒀利用職權對員工進行打擊報復或包庇員工違法亂紀的。

⒁有其他違章違紀行為，董事會或總經理應予以處罰的。員工有上述行為，情節嚴重，觸犯刑律的，提交司法部門依法處理。

第四條　員工由上述行為造成公司損失的，責任人除按上條規定承擔應負的責任外，按以下規定賠償公司損失。

①造成損失 5 萬元以下（含 5 萬元），責任人賠償＿＿％～＿＿％。

②造成損失 5 萬元以上的，由人力資源部或行政部報總經理或董事局決定責任人應賠償的金額。

第五條　本制度自發佈之日起生效。

二、高層人員績效管理制度

第一章　總則

第一條　目的

為全面客觀考核評價公司高層管理人員的績效，全面貫徹落實公司的戰略及經營目標，特制定本制度。

第二條　適用範圍

本制度適用於公司所有高層管理人員（包括董事長或執行董事、總經理、副總經理、各職能總監）。

第三條　考核實施

由股東大會或董事會指定專人成立考核小組，負責對公司高層進行考核。

第二章　績效指標設定

第一條　績效指標結構

根據不同層級員工的主要職責及其業務特性，制定相應的考核指標，具體指標權重見下表 9-3-3。

表 9-3-3　績效指標結構權重表

職責人 ＼ 指標	財務業務指標	客戶滿意度指標	管理改進指標	人員培養指標	管理要項指標
董事長	60%	15%	10%	5%	10%
總經理	50%	15%	15%	5%	15%
副總經理	40%	10%	20%	10%	20%
職能總監	35%	5%	20%	10%	30%

第二條　財務業務指標

財務業務指標是指，公司年度經營計劃確定的本年度通過改善活動實施而需達到的各類量化的財務指標和業務指標，主要包括銷售收入、利潤、財務費用、製造費用、庫存金額、一次交驗合格率、統配率、準時交貨率、退貨率、勞動生產率等。

第三條　客戶滿意度指標

客戶滿意度指標是指公司高層管理人員通過自身工作使客戶對公司滿意度有所提升，主要包括客戶滿意度、客戶投訴率、客戶投訴解決率等。

第四條　管理改進指標

管理改進指標是指公司年度經營計劃確定的本年度公司及分解到各職能部門、個人的管理改善活動及其應達到的階段性成果指標。

第五條　人員培養指標

公司高層管理人員，需制定每個考核期內對下屬員工的培訓活動計劃及需達成的階段目標，以此作為當期的考核指標。

第六條　管理要項指標

管理要項是反映公司內部管理狀況的指標。管理要項的設置應

針對那些對實現公司目標有重要作用，暫時又難以衡量的關鍵管理領域和活動。管理要項主要由完成的時間進度及是否達到預期效果來評價其戰略意義。

第三章　績效考核實施

第一條　績效考核程序見下表 9-3-4。

表 9-3-4　績效考核程序表

步驟		內容	責任部門/人	完成時間
第一步	績效合約簽訂	年初公司高層管理人員簽訂績效合約	董事會	年初
第二步	考評數據收集	績效合約收集	人力資源部	年初
		各類指標數據收集	各職能部門	年末
		各類指標數據匯總	人力資源部	年末
第三步	考評	財務業務指標、客戶滿意度指標考評	人力資源部計算	年末
		管理改進指標、人員培養指標、管理要項指標考評	董事會	年末
第四步	匯總	考核指標匯總形成最終考核成績	人力資源部	次年首月5 日前
第五步	結果確認	高層管理人員考核結果確認	董事會	次年首月10 日前

第二條　績效合約簽訂

公司董事會與公司高層管理人員分別簽訂績效合約，作為年終績效考核的依據，具體績效合約見下表 9-3-5。

表 9-3-5　績效合約表

受約人		發約方	
崗位		發約方代表	
合約期限		崗位	

指標構成	權重	關鍵指標	目標值	挑戰值	差異率
財務指標					
客戶滿意度					
管理改進					
人員培養					
管理要項	要項名稱		目標值	挑戰值	差異率
備註					
受約人（簽章）		發約方（簽章）			

第三條　考評數據收集

（1）績效合約收集

公司董事會每年年初與公司高層管理人員簽訂績效合約後，由人力資源部統一收集保管，並負責在整個年度內將與績效合約相關資料歸類保管。

（2）各類指標數據收集

①財務類指標由財務部按照一定的週期進行統計收集，送交人力資源部。

②客戶滿意度指標由行政部會同客戶服務部門進行數據匯總，送交人力資源部。

③管理改進指標、人員培養指標、管理要項指標考評數據收集。季末由董事會指定的考核小組對高層管理人員的管理改進、人員培

養及管理要項等情況進行評估，記入考評表，報人力資源部備案。

(3)各類指標匯總

由人力資源部對各部門送交的各項統計數據進行綜合分析匯總，形成各項指標的確定數據。

第四條　考評

由人力資源部通過計算匯總，將財務類指標及客戶滿意度指標記入員工考核表(見下表)，由公司董事會參考人力資源部備案填寫考核表中的管理改進指標、人員培養指標、管理要項指標考評數據。

表 9-3-6　員工考核表

| 姓名： | | 入職時間： | | 審核人： | | |
| 職位： | | 部門： | | 審核期： | | |

考核角度	戰略目標	權重	衡量目標	目標值	實際達成	考核得分
財務類指標						
客戶滿意度指標						
管理改進指標						
人員培養指標						
管理要項指標						
總計						
管理要項說明						
備註						
被考核人（簽章）		考核小組（簽章）		人力資源部（簽章）		董事會（蓋章）

第五條 考核匯總

考核小組完成考核後由人力資源部進行最後的成績匯總。

第六條 考核確認

董事會對人力資源部送交的績效考核表進行最後確認，通過後作為公司高層管理人員本年度的最終績效成績。

第四章 績效考核結果運用

績效考評結果運用是指根據績效考評結果，對被考評者實施相應的人力資源管理措施，將績效管理與其他人力資源管理制度聯繫起來。績效評估結果主要運用於股權激勵、加薪、績效薪資、超額利潤分享、任免、能力提升計劃等方面。

三、中層人員績效管理制度

第一章 總則

第一條 目的

通過對員工的工作業績、工作能力及工作態度進行客觀、公正的評價，充分發揮績效考核體系的激勵和促進作用，促使中層管理人員不斷改善工作績效，提高自身能力，從而提高企業的整體運行效率。

第二條 考核範圍

公司所有中層管理人員(包括各職能部門經理、主管等)。第第

第三條 考核實施機構

成立績效考核領導小組，由總經理任組長，組員包括副總經理、各職能總監及人力資源部經理。

第二章　考核內容

第四條　考核主要從工作業績、核心能力及工作態度 3 個方面考慮，在整個考核評價過程中所佔的權重見下表。

表 9-3-7　考核內容權重表

考核內容	工作業績	核心能力	工作態度
所佔權重	40%	35%	25%

第五條　工作業績考核是考核被考核者在一個考核週期內工作效率與工作結果。

第六條　核心能力考核是綜合被考核者在一個考核週期內由工作效果達成反映出來的應具備的核心能力狀況。

第七條　工作態度考核是考核對工作崗位的認知程度及為此付出的努力程度。

第八條　考核人依據被考核者在一個考核週期內的表現，連同被考核人自我述職報告一併參考確定最終評定等級。

第九條　由於對於中層管理者的考核實際上就是對各系統經營與管理狀況進行的全面系統的檢討，因此，對於中層管理者的考評採取考核加述職的形式。具體考核表格如下所示。本表可以複印。填好並與主管確認後。請主管負責複印一份送人力資源部備案。

表 9-3-8 中層管理者的考核表

姓名：	入職時間：	審核人：
職位：	部門：	審核期：

第一部份 業績評估

個人業績目標	權重	完成狀況				評估結果
		1	2	3	5	

評估總分			
5=超越目標	3=符合目標	2=部份符合目標	1=不符目標

第二部份 核心能力評估

核心能力	1	2	3	5
解決突發問題的能力	□	□	■	□
團隊領導協作能力	□	■	□	□
學習、創新、持續改進的能力	□	□	■	□
指導、幫助下屬工作的能力	□	□	■	□
以客戶為導向	□	■	□	□
快速反應，適應變化的能力	□	■	□	□
結果行動導向	□	□	■	□
評估總分				

5	3	2	1
深入理解該用途能力，在各種場合始終地表現出此方面的行為	良好地理解該勝任能力，在大部份的情況下表現出此方面的行為	基本理解勝任能力，在一般情況下能夠表現出此方面的行為	處於開始學習的階段，較少表現出該勝任能力所要行為

第三部份 工作態度評估

工作態度	1	2	3	5
有責任感，願意承擔更多的責任	□	□	■	□
注重協作，發揮團隊精神	□	■	□	□
工作的計劃性、週密性	□	□	■	□
自己以身作則	□	□	■	□
認真完成任務	□	■	□	□
評估總分				

5	3	2	1
作為他人的榜樣，向他人提供指導	不需要他人的指導就能夠表現該方面的要求	有時需要他人的提醒和指導	經常需要他人的指導，回饋後能夠及時調整

表 9-3-9　員工自我述職報告

姓名：	入職時間：	審核人：
職位：	部門：	審核期：

年度工作總評			

表現出的突出方面及潛在能力			

需要發展的領域	發展結果	問題	總經理

對績效計劃/評估結果的意見：		

被考核人	考核人	總經理
簽字：　　日期：	簽字：　　日期：	簽字：　　日期：

第三章　考核方式

第十條　對中層管理人員的考核主要分為上級考核、同級互評、自我評價及下屬民主測評 4 種。4 種方式所佔權重如表所示。

表 9-3-10　考核方式權重表

考核方式	上級考核	同級互評	下屬民主測評	自我評價
所佔權重	45%	30%	20%	5%

第十一條　考核分數

由公司高層領導對本公司所有中層管理人員進行工作業績、核心能力及工作態度評價，綜合所有評價數據進行平均計算，得到上級考核最終分數。

第十二條　互評分數

中層管理人員之間進行工作業績、核心能力及工作態度評價，綜合所有評價數據進行平均計算，得到同級互評最終分數。

第十三條　民主測評分數

由被考核者直接下屬對其進行工作業績、核心能力及工作態度評價，綜合所有評價數據進行平均計算，得到下級民主測評最終分數。

第十四條　自我評價分數

由被考核者自己結合述職報告給出適當的分數。

第十五條　考核最終分數確定

考核最終分數=考核分數×45%+互評分數×30%+民主測評分數×20%+自我評價×5%

第四章　考核結果及其運用

第十六條　考核等級

考核等級是主管對員工績效進行綜合評價的結論。考核成績可分為 A(優秀)、B(良好)、C(合格)、D(需要改進)、E(不合格)5 個層次。本制度在原則上規定考核等級與百分制成績之間的關係，見下表。

表 9-3-11　考核等級與百分制成績之間的關係表

考核分數	A	B	C	D	E
考評等級	90 分以上	80～89 分	70～79 分	60～69 分	60 分以下

第十七條　考核等級定義見下表。

表 9-3-12　考核等級定義表

等級	定義	含義
A	優秀	實際業績顯著超過預期計劃、目標或崗位職責分工的要求，在計劃、目標、崗位職責、分工要求所涉及的各個方面都取得非常突出的成績
B	良	實際業績達到或超過預期計劃、目標或崗位職責分工的要求，在計劃、目標、崗位職責、分工要求所涉及的主要方面取得比較突出的成績
C	合格	實際業績基本達到預期計劃、目標或崗位職責分工的要求，既沒有突出的表現，也沒有明顯的失誤
D	需改進	實際業績未達到預期計劃、目標或崗位職責分工的要求，在很多方面或主要方面存在著明顯的不足或失誤
E	不合格	實際業績遠未達到預期計劃、目標或崗位職責分工的要求，在很多方面或主要方面存在著重大的不足或失誤

第十八條　考核比例的控制

年度內中高層管理者的中期、年終考核，各部門內部員工的季和月考核均遵循下列比例強制分佈，見下表。

表 9-3-13　核比例強制分佈表

考核等級	A	B	C	D	E
分佈比例	20%	30%	35%	10%	5%

當 A、B 考核等級的人數超過了比例規定，依據員工的考核分數排序進行強行分佈；若在實際的考核中，A、B 等級相應的人數比例小於強制分佈比例，則按照實際情況進行操作。

四、基層人員績效管理制度

第一章　總則

第一條　目的

為了逐步加強公司的整體管理水準，不斷提高基層員工的綜合素質和工作效率，強化其合作精神，並能客觀、公正地反映其工作業績，特制定本考核制度。

第二條　考核範圍

本制度適用於從事非領導崗位的基層員工。

第三條　考核關係

基層員工的考核由直接主管負責。

第四條　考核週期

基層員工考核以季為週期進行考核，以各月考核平均成績作為該員工年度考核成績。具體時間如下。

第一季考核時間　4月1日～4月15日。

第二季考核時間　7月1日～7月15日。

第三季考核時間　10月1日～10月15日。

第四季考核時間　次年1月1日～1月15日。

第二章　考核內容

第五條　員工考核內容包括德能與技能考核兩種，其中德能考核佔40%，技能考核佔60%。

第六條　德能考核包括誠信品德和工作態度考核兩部份，其中誠信品德考核佔30%，工作態度考核佔70%。

第七條　技能考核包括工作能力和工作業績考核兩部份，其中

工作能力考核佔 40%，工作業績考核佔 60%。

　　第八條　員工考核具體內容見下表。

表 9-3-14　員工考核標準表

內容	分類	權重	指標名稱	指標權重	考核關係	週期
德能考核	誠信品德	30%	公司忠誠度	6%		
			誠實正直	6%		
			公司榮譽感	6%	主管	季
			個人信用	6%	領導	
			節儉意識	6%		
	工作態度	70%	工作責任心	20%		
			工作積極性	15%		
			團隊意識	15%	主管	季
			學習意識	10%	領導	
			服務意識	10%		
技能考核	工作業績	60%	所屬部門業績評價結果	15%		
			個人業績完成情況	30%	主管	
			個人工作失誤情況	5%	領導	季
			其他要項工作	10%		
	工作能力	40%	專業技能	10%		
			計劃能力	10%	主管	
			解決問題能力	10%	領導	季

第三章　考核實施

　　第九條　部門主管根據自己掌握的考核信息及相關職位提供的參考信息，依照考評標準給出一個具體的可以量化的分數。

第十條 考核者把具體量化的分數分別填入下面的員工考核結果量化表內。

表 9-3-15　員工技能考核結果量化表

姓名：		入職時間：		考核人：		
職位：		部門：		考核期：		

剛性技能指標	指標名稱	權重	目標值	實際值	考核得分	得分說明
軟性技能指標	指標名稱	權重	考核得分	得分說明		
工作能力指標	指標名稱	權重	考核得分	得分說明		
考核得分		考核者（簽章）		審核時間		
備註						
被考核者（簽章）			審核者（簽章）			

表 9-3-16　員工德能考核結果量化表

姓名：		入職時間：		考核人：	
職位：		部門：		考核期：	

誠信品德指標	指標名稱	權重	平均得分	工作態度指標	指標名稱	權重	平均得分
考核最後得分				考核最後得分			
合計得分			被考核者（簽章）			考核時間	
備註							
被考核者（簽章）				審核者（簽章）			

第十一條　員工考核得分的計算

①員工技能考核得分等於各項技能指標得分乘以指標權重的加權累加值，其計算公式為：

技能考核得分=∑（技能指標考核得分×指標權重）

②員工德能考核得分等於各項德能指標得分乘以指標權重的加權累加值，其計算公式為：

德能考核得分=∑（德能指標考核得分×指標權重）

③員工考核得分為技能考核與德能考核得分的加權平均值，其計算公式為：

考核得分=技能考核得分×指標權重+德能考核得分×指標權重

第十二條　考核者根據員工績效考核得分確定員工績效水準，具體劃分標準見下表。

表 9-3-17　　員工績效考核得分劃分標準表

考核得分	50 分以下	50～60 分	60～80	80～90 分	90 分以上
績效水準	差	較差	一般	良好	優秀

第十三條　員工績效考核得分要適當進行控制，最高分與最低分都不能過多。

第四章　考核回饋

第十四條　績效面談

通常情況下在績效考核結束後一週內，部門主管要對被考核者進行績效面談，對其在上一個考核週期內取得的成績表示祝賀，同時對於出現的問題進行分析，以便於今後工作的開展。

第十五條　考核結果申訴

如果被考核者認為考核結果不公正與考核者溝通無效，並確有證據證明的情況下可以啟動考核結果申訴程序。考核結果申訴一般有兩個途徑：一是越級向考核者上級反映情況；二是通過人力資源部考核專員反映情況。

第四節　績效管理方案表

一、高層管理人員績效考核方案

1.總經理考核方案表

表 9-4-1　　總經理考核方案表

指標維度	指標名稱	權重	考核頻率	考核資料來源	績效目標值
財物類	企業總產值	10%	年度	財務部	達到萬元，比上年增長___%
	利潤	10%	年度	財務部	達到___萬元，比上一年度增長___%
	資金利用率	6%	年度	財務部	達到___%
	管理費用	6%	年度	財務部	不突破預算
內部運營類	公司戰略規劃的及時性、規範性	5%	年度	董事會	1. 每年___月___日之前，將年度戰略規劃交至董事會 2. 戰略規劃在執行的過程中修改的次數不得超過___次
	年度發展戰略目標完成率	5%	年度	董事會	企業發展戰略中年度目標完成率達到___%以上
	對公司投資項目所提建議被採納並實施的次數	5%	年度	董事會	不得低於___次

續表

指標維度	指標名稱	權重	考核頻率	考核資料來源	績效目標值
內部運營類	主營產品的產量	7%	年度	董事會	1. 產品燃氣熱水器生產____萬台以上 2. 產品電熱水器生產____萬台以上 3. 產品抽油煙機生產____萬台以上
	勞動生產率	5%	年度	生產部	達到____%，比上年提高____%
	危機事件處理情況	5%	年度	行政部	得到比較完善的解決
客戶類	產品市場佔有率	8%	年度	市場部	達到____%
	品牌知名度	8%	年度	市場部	參照市場調查結果分析報告
	客戶投訴率	5%	年度	售後服務部	控制在____%
學習發展類	員工任職資格達成率	5%	年度	人力資源部	____%
	關鍵員工保有率	5%	年度	人力資源部	達到____%
	人員流失率	5%	年度	人力資源部	控制在____%

2.人力資源總監考核方案表

表 9-4-2　人力資源總監考核方案表

指標維度	指標名稱	權重	考核頻率	考核資料來源	績效目標值
財務類	招聘費用預算達成率	10%	年度	人力資源部	達到___%
	培訓費用預算達成率	10%	年度	人力資源部	達到___%
	人力資本總額控制成本	10%	年度	人力資源部	控制在預算內
內部營運類	部門工作計劃完成率	10%	年度	人力資源部	完成率達到___%
	員工薪資發放出錯次數	5%	年度	人力資源部	出錯率控制在___%以內
	員工保險及其他福利計算出錯率	5%	年度	人力資源部	出錯率控制在___%以內
	中層以上經理績效計劃按時完成率	10%	年度	人力資源部	達到___%
	績效考核申訴處理及時性	5%	季/年度	人力資源部	未及時對員工投訴及有關人事爭議做出有效解決的不得超過次/季
	關鍵員工招聘完成率	10%	年度	人力資源部	完成率達到___%
客戶類	部門協作滿意度	5%	年度	人力資源部	滿意度評價為___分
學習發展類	人員任職資格達成率	5%	年度	人力資源部	達成率為___%
	公司員工培訓計劃完成率	5%	年度	人力資源部	完成率達到___%
	員工滿意度	5%	年度	人力資源部	滿意度評價為___分
	關鍵員工流失率	5%	年度	人力資源部	控制在___%以內

3.行政總監考核方案表

表 9-4-3 行政總監考核方案表

指標維度	指標名稱	權重	考核頻率	考核資料來源	績效目標值
財務類	行政管理費用控制	10%	年度	財務部	在預算之內，比上一年度降低___%
財務類	行政性固定資產流失率	10%	年度	財務部	控制在合理的範圍內
內部運營類	行政管理制度的規範性與完善性	10%	年度	人力資源部	1. 年度因規章制度的不完善造成管理出現遺漏或失誤的次數不得超過___次 2. 規章制度的執行情況，領導評分在___分以上，員工評價在___分以上
	部門工作計劃完成率	10%	年度	人力資源部	達到___%
	行政性固定資產完好率	10%	年度	財務部	達到___%
	辦公用品採購的及時性	10%	季年度	採購部	能及時滿足各職能部門人員的需求
	文檔資料的完整性	10%	年度	行政部	1. 相關文檔資料內容齊全 2. 文檔資料的完好率達到___%
	公司安全情況	10%	年度	行政部	發生盜竊、火災等重大事故的次數為 0
客戶類	外部客戶滿意度評價	5%	年度	人力資源部	滿意度評價為___分
	部門滿意度評價	5%	年度	人力資源部	後勤服務滿意度評價為___分
學習發展類	培訓計劃完成率	5%	年度	人力資源部	達到___%
	關鍵員工保有率	5%	年度	人力資源部	達到___%

4. 財務總監考核方案表

表 9-4-4 財務總監考核方案表

指標維度	指標名稱	權重	考核頻率	考核資料來源	績效目標值
財務類	淨利潤完成情況	10%	年度	財務部	達到公司目標值
	淨資產收益率	10%	年度	財務部	達到公司目標值
	部門費用控制	10%	年度	財務部	在預算之內
	呆壞賬比例	10%	年度	財務部	控制在＿＿%以內
內部運營類	財務管理制度的完善性	5%	年度	企業高層	因財務管理制度不完善而出現較為明顯的財務運作混亂的情況為 0 次
	財務報表完成的及時性	5%	季/年度	企業高層	每月的＿＿號之前將相關財務報表交至相關部門
	財務報表信息的有效性	10%	季/年度	企業高層	及時、真實準確地向公司領導提供決策支持性的財務分析報告
	財務工作的準確性	10%	季/年度	企業高層	財務報表、會計核算數據準確性達到＿＿%
	資金供應的及時性	10%	年度	各職能部門	因資金供應不及時而影響公司重要經營活動順利進行的次數為 0
客戶類	供應商滿意度（財務支付）	5%	年度	人力資源部	供應商滿意度評價＿＿分
	部門協作滿意度	5%	年度	人力資源部	部門滿意度評價為＿＿分
學習發展類	培訓計劃完成率	5%	年度	人力資源部	達到＿＿%
	關鍵員工保有率	5%	年度	人力資源部	達到＿＿%

5.市場總監考核方案表

表 9-4-5　市場總監考核方案表

指標維度	指標名稱	權重	考核頻率	考核資料來源	績效目標值
財務類	銷售收入	8%	年度	財務部	達到___元
	銷售增長率	8%	年度	財務部	比上一年度增長___%
	貨款回收率	8%	年度	財務部	達到___%
	費用控制	6%	年度	財務部	控制在預算之內
內部運營類	銷售計劃完成率	10%	季/年度	市場部	達到___%
	行銷策劃活動執行率	7%	季/年度	市場部	達到___%
	品牌宣傳的有效性	5%	年度	市場部	是否達到預期效果
	市場訊息收集的及時性、有效性	4%	季	市場部	信息系統建設的完善情況
客戶類	產品市場佔有率	10%	季/年度	市場部	達到___%
	企業知名度	9%	年度	市場部	參考相關調查結果
	客戶增長率	10%	年度	市場部	比上一年度增長%
	客戶滿意度	5%	年度	人力資源部	客戶滿意度評價在___分
學習發展類	培訓計劃完成率	5%	年度	人力資源部	完成率為___%
	關鍵員工保有率	5%	年度	人力資源部	保有率為___%

6. 生產總監考核方案表

表 9-4-6　生產總監考核方案表

指標維度	指標名稱	權重	考核頻率	考核資料來源	績效目標值
財務類	生產成本控制	10%	年度	財務部	控制在預算之內
	成本預算達成率	10%	年度	財務部	達到＿＿＿%
內部運營類	產品產量	10%	年度	生產部	1. 產品產量按計劃完成率達到＿＿＿% 2. 產品燃氣熱水器產量達到＿＿＿台以上 3. 產品電熱水器產量達到＿＿＿台以上 4. 產品抽油煙機產量達到＿＿＿台以上
	交貨準時率訂單需求	8%	季	生產部	達到＿＿＿%
	滿足率	9%	年度	生產部	達到＿＿＿%
	採購計劃完成率	8%	季	生產部	達到＿＿＿%
	設備利用率	5%	年度	生產部	達到＿＿＿%
	設備完好率	5%	季	生產部	達到＿＿＿%
	設備維修率	5%	年度	生產部	達到＿＿＿%
	安全生產事故發生率	10%	年度	生產部	低於＿＿＿%
客戶類	供應商滿意度	5%	年度	人力資源部	供應商滿意度評價在＿＿分以上
	部門協作滿意度	5%	年度	人力資源部	其他部門滿意度評價在＿＿＿分以上
學習發展類	培訓計劃完成率	5%	年度	人力資源部	達到＿＿＿%
	關鍵員工保有率	5%	年度	人力資源部	達到＿＿＿%

7.技術總監考核方案表

表 9-4-7　技術總監考核方案表

指標維度	指標名稱	權重	考核頻率	考核資料來源	績效目標值
財務類內部運營類	技術改造費用	5%	年度	財務部	控制在預算範圍___%左右
	課題研究費用	5%	年度	財務部	控制在預算範圍___%左右
	產品品質	10%	年度	技術部	1. 產品燃氣熱水器合格率在___%以上，優良率為___%以上 2. 產品電熱水器合格率達到___%以上，優良率達___%以上 3. 產品抽油煙機達___%以上，優良率___%以上
	技術改造計劃完成率	6%	季/年度	技術部	完成計劃的___%
	技術改進消耗降低率	6%	年度	技術部	達到___%
	主要設備故障停機次數	5%	年度	生產部	控制在___次以下
	技術獲得專利項數	7%	年度	技術部	達到___項
	新產品開發計劃完成率	6%	年度	技術部	完成___%
	新產品投入市場的穩定性	8%	年度	市場部	因產品品質或技術問題而下架的次數為 0
	ISO 評審、產品認證獲通過	6%	年度	技術部	參考相關技術文件規定說明
	產品重大品質事故發生率	6%	年度	生產部	控制在___%以內
	技術保密性	5%	年度	技術部	技術洩密次數為 0
客戶類	產品品質投訴率	5%	年度	市場部	控制在___%以內
	客戶對產品的滿意度	5%	年度	人力資源部	客戶滿意度評價為___分
客戶類	部門合作滿意度	5%	年度	人力資源部	部門評價為___分
學習發展類	部門培訓計劃完成率	5%	年度	人力資源部	完成率達到___%
	關鍵員工保有率	5%	年度	人力資源部	維持在___%

二、中層管理人員績效改進方案

(一)總則

1. 深化公司原有的績效管理制度，強化責任結果導向，不斷增強公司的整體核心競爭力。

2. 進一步明確績效改進考核指標，促進日常管理的科學化、規範化和有效溝通，同時也為年度綜合評定積累數據並提供依據。

3. 進一步優化原有的季績效改進考核制度，解決各系統考核實踐中出現的共性問題點。

4. 被考核範圍為公司全體中層管理人員。

5. 考核期限為＿＿年＿月＿日至＿＿年＿月＿日。

6. 公司成立績效改進實施小組，實施小組負責績效改進的組織、實施工作。中層管理人員績效改進結果最終經總經理辦公會審核後通過。

(二)遵循原則

1. 責任結果導向原則

引導員工用正確的方法做正確的事，不斷追求工作效果。績效改進考核通過不斷改進以達到更好的績效。

2. 全方位考評原則

通過對員工工作的各個方面進行考評，引導員工在做好本職工作的同時，以實際行動對上(部門總目標)、對左右(流程、相關部門或同事)、對下(下屬)做出貢獻。不僅完成個人工作，還要關注團隊績效。

3. 客觀性原則

以日常管理中的觀察、記錄為基礎，定量與定性相結合。

(三)實施程序

績效改進考核分為三個階段，即績效計劃階段、績效輔導階段、考核及回饋階段。

1.績效計劃階段

主管與員工進行充分溝通就績效考核目標達成共識，完成績效改進表初期填寫(見下表)。根據本部門績效考核目標確定個人考核期內的 KPI 指標。設定指標過程中要遵循以下原則。

表 9-4-8　績效改進計劃表

姓名		部門		崗位	
轄員人數		績效改進週期			
績效改進參考目標					
部門目標	績效目標			完成情況	
個人績效目標	績效目標			完成情況	
屬下幫助計劃	計劃內容			完成情況	
上級支持計劃	計劃內容			完成情況	
績效改進情況					
評議情況					
自我評價					
領導評價					
確認	員工簽名：			主管簽名：	

(1)時效原則

所有考核指標必須有明確的完成時間。

(2)量化原則

所有 KPI 指標必須能夠量化，如有關品質、成本或其他方面的數字化要求。

(3)質化原則

對於不能直接量化的指標又非常重要的，必須給予質化如有關品質、服務或其他方面的描述性要求。

2.績效輔導階段

主管輔導員工共同達成目標/計劃的過程，也是主管收集及記錄。員工行為/結果的關鍵事件或數據的過程。

①主管在考核週期內對被考核者進行績效跟蹤，收集、整理績效過程中存在的問題，並進行記錄。

②被考核者隨時對出現的有關績效問題進行溝通，對出現的績效問題提出自己的改進設想。

③主管應注重在部門內建立健全「雙向溝通」制度，包括週/月例會制度、週/月總結制度、彙報/述職制度、主管對員工平時觀察記錄制度、週工作記錄制度等。

④主管對於被考核者的績效改進方面問題，要及時、準確記錄到績效改進表上。

3.績效考核/回饋階段

①主管綜合依據收集到的考核信息，客觀、公正地評價員工，並在經過充分準備後，就績效改進考核情況向員工回饋。

②回饋時，無論被考核者是否認可考核結果，都必須在考核表上簽字。簽字不代表被考核者認可考核結果，只代表被考核者知曉考核結果。

③被考核者如果對績效考核結果不認可，可以把自己的想法回饋給績效改進實施小組，進行績效申訴。

(四)操作規程

中層管理人員績效改進計劃一般按照以下程序進行。

圖 9-4-1　中層管理人員績效改進計劃

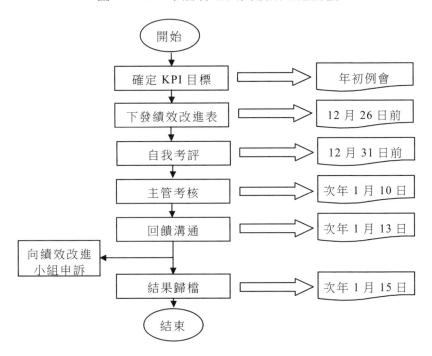

1.考核結果比例參考

表 9-4-9　考核結果比例參考

等級	定義	摘要	比例
A	傑出	1.實際績效顯著超過預期計劃 2.各個方面都取得非常突出的成績	25%
B	良好	1.實際績效達到或超過預期計劃 2.主要方面取得比較突出的成績	45%
C	尚可	1.實際績效基本達到預期計劃 2.既沒有突出的表現，也沒有明顯的失誤	25%
D	不足	1.實際績效未達到預期計劃 2.在很多方面或主要方面存在著明顯的不足或失誤	5%

2.考核結果一般按照正態分佈的趨勢排列規律。

(五)解釋、修訂

1.本方案由人力資源部負責解釋。

2.本方案修訂由人力資源部提請績效改進小組審核通過後，可以進行修訂。

三、銷售人員績效考核實施方案

(一)前期績效準備

1.部門績效目標確定

根據公司年度運營計劃和銷售計劃，結合銷售部門實際情況，確定銷售部門本年度績效目標。其主要考核要素如表 9-4-10 所示。

表 9-4-10　銷售部門績效目標表

考核緯度	細化指標	設定值	考核週期	障礙	跟蹤部門	跟蹤頻率	備註
財務指標	銷售額	+20%	年度				
	成本控制	－10%	年度				
	貨款回籠	回籠率 90%	年度				
客戶指標	客戶保留	保留 90%	季				
	客戶開發	開發 20%	季				

2.部門績效協調

在實現部門績效的過程中，每個人的績效與部門績效目標的達成息息相關，因而銷售部必須根據自己部門的人員配置情況、市場行情、歷史績效情況進行綜合分析，通過部門內部溝通協調部門績效指標實現。

3.個人績效指標的設定

為了使銷售人員更好地完成部門績效指標，結合銷售人員崗位特點及職責要求，通過與銷售人員的溝通確定銷售人員個人績效目標。一旦確定某項指標用於績效考核，就必須明確如何用該目標來衡量業績，具體指標見下表。

表 9-4-11　銷售人員績效目標表

考核緯度	細化指標	最低目標	挑戰目標	權重	指標說明
財務指標	銷售額	+25%	+35%	25%	銷售產品總額
	成本控制	－10%	－15%	20%	銷售過程中費用控制
	回款率	當月 90%	當月 95%	15%	當月回款情況
客戶指標	客戶保留	保留 92%	95%	15%	有效防止老客戶流失
	客戶開發	開發 25%	30%	10%	尋找新客戶
學習指標	業務培訓	良好 90%	良好 100%	10%	培訓考核成績達到良好
	經驗交流	3 次	5 次	5%	參加內部經驗交流會次數

(二)中期績效實施

1.績效考核週期

為了對公司銷售情況進行系統監控，銷售人員績效考核共分為兩個階段，分別為月考核和年度考核。

2.績效管理

績效考核管理主要由銷售部經理、主管及人力資源部績效專員共同組織實施，同時也接受銷售人員對績效實施過程中出現疑問的解答。

3.實施程序

(1)績效說明

銷售部門主管在進入考核週期之前與被考核者進行績效考核溝通，明確考核目標與考核標準。

(2)績效指導

在考核週期內考核者要對被考核者進行績效指導，以幫助其隨時保持正確的工作方法，以便績效考核目標的順利達成。

(3)自我考評

考核者在考核週期結束之前向被考核者下發考核表，指導被考核者對照績效目標進行自我評價。

(4)主管考核

被考核者完成自我考核之後上交考核表，由主管領導對照績效目標進行考評，其結果按照得分劃分為以下幾個等級。

表 9-4-12　考核得分與等級劃分表

得分	95 分以上	90～95 分	80～89	70～79 分	70 分以下
等級	S	A	B	C	D

(5)成績確認

相關領導考核結束後，被考核者要對考核成績進行確認，以完成最後考核流程。

(三)績效結果運用

1.績效面談

考評者對被考評者的工作績效進行總結，並根據被考評者有待改進的地方，提出改進、提高的期望與措施，同時共同制定下期的績效目標。

2.績效結果運用

(1)績效薪資和利潤分享

銷售人員績效薪資與績效考核結果直接掛鉤。

①依據月考核等級，按下表比例享受績效薪資。

表 9-4-13　考核等級與績效薪資發放比例對照表

考核等級	S	A	B	C	D
發放比例	150%	120%	100%	80%	50%
	120%	110%	100%	90%	80%

②依據年度考核等級，按下表比例享受應得年終獎。

表 9-4-14　考核等級與利潤分享比例對照表

考核等級	S	A	B	C	D
發放比例	150%	120%	100%	50%	0%
	120%	110%	100%	90%	0%

(2)培訓

考核等級為 S 級和 A 級的員工，有資格享受公司安排的提升培訓。考核等級為 B 級的員工，可以申請相關培訓。經人力資源部批准後參加。考核等級為 C 級的員工，必須參加由公司安排適職培訓。

(四)績效申訴

1. 申訴受理

被考核人如果對考核結果不清楚或者持有異議，可以採取書面形式向人力資源部績效考核管理人員申訴。

2. 提交申訴

員工以書面形式提交申訴書。申訴書內容包括申訴人姓名、所在部門、申訴事項、申訴理由。

3. 申訴受理

人力資源部績效考核管理人員接到員工申訴後，應在 3 個工作日做出是否受理的答覆。對於申訴事項無客觀事實依據，僅憑主觀臆斷的申訴不予受理。

受理的申訴事件，首先由所在部門考核管理負責人對員工申訴內容進行調查，然後與員工直接上級、共同上級、所在部門負責人進行協調、溝通。不能協調的，上報公司人力資源部進行協調。

4. 申訴處理答覆

人力資源部應在接到申訴申請書的十個工作日內明確答覆申訴

人。

四、班組長績效考核實施方案

(一)目的

班組是本公司組織經營活動中的基層單位，班級長作為班組中的直接主管和指揮者，肩負著提高產品品質、降低生產成本、提高生產率等多方面的職責。他們是企業中不容忽視的中堅力量，又是公司人才的後備軍。

為加強班組建設，提高班組長的素質，全面評價班組長的工作績效，保證公司經營目標的實現。同時，為員工的薪資調整、教育培訓、晉升等提供準確、客觀的依據，特制定班組長績效考核實施方案。

(二)考核原則

1.公平公開原則

⑴人事考評標準、考評程序和考評責任都應當有明確的規定且對公司內部全體員工公開。

⑵考評一定要建立在客觀事實的基礎上進行評價，儘量避免摻入主觀性和感情色彩。

⑶公司所有班組長都要接受考核，同一崗位的考核執行相同的標準。

2.定期化與制度化

績效考核制度作為人力資源管理的一項重要的制度，公司所有員工都要遵守執行。將班組長考核分為季考核和年度考核兩種。

3.定量化與定性化相結合定性

班組長考核指標分為定性化與定量化兩種。其中，定性化指標

權重佔 40%，定量化指標權重佔 60%。

4.溝通與回饋

考核評價結束後，人力資源部或生產部門相關領導應及時與被考核者進行溝通，將考評結果告知被考核者。

在回饋考評結果的同時，應當向被考評者就評語進行說明解釋，肯定成績和進步，說明不足之處，提供今後努力方向的參考意見等，並認真聽取被考核者的意見或建議，共同制定下一階段的工作計劃。

(三)績效考核小組成員

人力資源部負責組織績效考核的全面工作，其主要成員有人力資源部經理、生產部經理、生產部主管、人力資源部績效考核專員、人力資源部一般工作人員。

(四)考核內容及考核實施方法

對班組長的考核，主要從其工作業績、工作能力及工作態度 3 個方面來進行，不同的考核內容，其採用的方法也是有所不同的。具體內容如下表所示。

表 9-4-15　班組長考核內容及考核實施方法一覽表

考核內容	權重	內容簡介	考核實施方法
工作業績	60%	1. 工作任務的完成情況如工作品質、數量、工作效率等 2. 崗位職責的履行情況	目標管理法 自我評定法（述職報告或工作總結）
工作能力	30%	組織協調能力、創新能力、溝通能力	量表評定法
工作態度	10%	紀律性、工作主動性、責任心、合作性	量表評定法

(五)考核週期

對班組長的考核，在績效考核小組的直接領導下進行，季考核

的時間一般是下一個季開始第一個月的 1～10 號進行；年度考核時間為次年 1 月的 5～20 日進行。

(六)考核實施

績效考核小組工作人員根據員工的實際工作情況展開評估，員工本人將自己的述職報告於考核期間交於人力資源部，人力資源部匯總並統計結果，在績效回饋階段將考核結果告知被考核者本人。

(七)核結果的應用

考核結果分為五等(見下表)，其結果為人力資源部薪資調整、員工培訓、崗位調整、人事變動等提供客觀的依據。

表 9-4-16　績效考核結果等級劃分標準

A	B	C	D	E
優秀	好	合格	待提高	差

(八)考核實施工具

對班組長的考核，涉及的主要工具之一是各種評定量表，下面 4 張表分別給出了考核班組長工作能力、工作態度的評定量表。

表 9-4-17　班組長工作業績考核表

考核內容	考核標準	考評者評分
產品產量	達到生產計劃規定的標準，該項得滿分，若每超出(減少)計劃產量的 1%，另加(減)2 分	
產品品質	每出現一次產品合格率低於公司規定標準的情況，扣 5 分	
生產設備管理	設備完好率≥85%，低於該標準，扣減 3 分	
安全生產管理	每有一人發生工傷事故，扣 5 分	
本班人員管理	本班組人員培訓計劃完成率為 100%，未完成工作者，扣 3 分	

表 9-4-18　工作能力量表評定表

考核要素	考核等級與評價標準		評估者			
			下級	同事	自評	領導
組織協調能力	差 0 分	工作雜亂無章，下屬之間不能進行很好的協作				
	一般 1 分	能對一線生產工人進行簡單的任務分配和協調				
	好 2 分	能進行複雜任務的分配和協調並取得他人對工作上的支持和配合				
	良 3 分	很好地安排和協調週圍的資源，較好地領導他人有效地展開工作				
	優秀 4 分	能合理、有效地安排和協調週圍的資源，並得到他人的信任和尊重				
語言表達能力	差 0 分	語言含糊不清，表達的意思不清楚				
	一般 1 分	能較清晰流利的表達自己的觀點或意見，但過於刻板、生硬				
	好 2 分	掌握一定的說話技巧，自己的意見或建議能得到他人的認可				
	良 3 分	能有效地和他人進行交流和溝通，並有一定的說服能力				
	優秀 4 分	語言清晰、幽默，具有出色的談話技巧				
創新能力	差 0 分	沒有創新精神，工作因循守舊				
	一般 1 分	工作中有一定的創新和獨到的見解				
	好 2 分	能開動腦筋對工作進行改進但所取得的成果較小				
	良 3 分	通過借鑑他人的經驗，運用到生產過程中某些技術的改進與創新，取得一定成果				
	優秀 4	善於思考和研究，並經常提出新點子、新想法且對提高企業生產效益做出了重大的貢獻				

表 9-4-19　工作態度考核表

考核要素	考核等級與評價標準（單位：分）					評估者			
	差 0	一般 1	好 2	良 3	優秀 4	下級	同事	自評	領導
工作紀律性	經常遲到早退且不服從主管工作上的安排	較少情況下遲到、早退，基本上服從主管工作上的安排	偶爾遲到早退，服從主管工作上的安排	從不遲到早退，服從主管工作上的安排	經常加班，積極聽從主管工作上的安排				
工作主動性	工作懈怠且工作業績不能達到工作標準	在別人的監督下能較好地完成工作	工作主動，能較好地完成自己的本職工作	積極主動地完成自己的本職工作	除了做好本職工作外，還常主動承擔一些分外工作				
工作責任感	工作敷衍，當工作出現失誤時，極力地推卸責任	滿足於基本完成工作任務，當工作出現失誤時，能意識到錯誤	工作中主動承擔責任	工作中主動承擔責任且積極尋找解決問題的辦法	對他人起到榜樣的作用				
合作性	缺乏合作精神	在經別人的協調下能與他人合作	能主動地與他人合作	積極地與他人合作且樂於幫助同事解決問題	能與他人一起積極有效地工作並共同完成本組織工作目標				

表 9-4-20　自我評價表

被考核者姓名		所擔任職務		進入本企業時間	
工作任務 完成情況	主要工作事項	工作事項完成情況		工作標準	備註
工作任務 完成情況					
工作任務 完成情況					
工作任務 完成情況					
工作任務 完成情況					
重大獎懲事件					
自我評價					

第五節　員工申訴的流程

員工申訴是一種內部溝通管道，員工依據企業制定的申訴制度和流程，在企業內部進行。

一、員工申訴的基本內容

員工申訴的範圍一般是指公司員工因對公司對自己的獎懲、晉升、降級、調動等處理過程和結果有異議的可以進行人事申訴。而工作爭議是指員工因為時間、強度、報酬以及傷病與工作合約不符等原因引起不滿，而向公司提出的申請處理的請求。

首先必須明確那些情況可以提出申訴。例如對申訴人有不公平的待遇時，且不在員工職權範圍之內的，可以提出申訴。這樣可以避免本可以通過正常的管理管道得到解決的問題也通過申訴方式提

出，從而導致管理的無序。

例如，員工申訴最常發生的是在績效考核之後的績效考核申訴。一般企業的績效考核制度中都會專門的設置「績效考核申訴制度」。當員工本人或週圍的人在績效考核過程中遭到「不公正待遇」並且申訴無果的時候，導致員工對考核者尤其是人力資源部門喪失信任，進而導致員工對績效考核的整體信任危機。因此對於申訴的處理，是否及時、公正，在很大程度上影響績效考核在員工心目中的公正性。因此，建立考核申訴制度尤為重要，而且必須要落到實處，讓員工能為自己說話、敢為自己說話。通過考核申訴制度的建立和執行，不僅能有效地推動組織的民主建設，還能檢驗組織管理制度的合理程度以及執行程度。

員工有申訴的權利，也有申訴的責任。尤其對於申訴不符合事實的，必須承擔相應的責任。同時對於對假借申訴蓄意製造事端，無事生非、挑撥離間、陷害他人的，其行為將不被認定為申訴，同時公司將給予當事人嚴厲處罰。

為了保護申訴人的權益，應當在員工提出申訴後和調查期間對有關事情嚴格保密。

二、申訴的受理流程

(1)提交申訴。申訴人採取書面形式向人力資源管理人員提交《員工申訴表》。申訴書應寫明事由，並儘量詳細列舉可靠依據。

(2)申訴受理。人力資源管理人員接到部門或員工申訴後，應在一定時間內做出是否受理的答覆。對於申訴事項無客觀事實依據，僅憑主觀臆斷的申訴不予受理。

(3)申訴調查和面談。首先由人力資源管理人員對部門或員工申

訴內容進行調查，調查的同時進行協調，填寫《員工申訴調查協調表》。

(4)申訴評審。人力資源部與申訴人核實後，對其申訴報告進行審核，並組織人力資源部經理組成的申訴評審會，對申訴評審處理。填寫《員工申訴評審表》。

(5)申訴回饋。人力資源部在申訴評審完成後，應在規定的時間內將申訴評審處理結果回饋給申訴人，可以填寫《員工申訴回饋表》。

第 *10* 章

人力資源部的員工關係處理

在企業中建立和諧的員工關係、營造團結的氣氛是人力資源部的一項重要工作任務，這項任務包括保持員工的日常溝通、解決員工衝突以及恰當的獎懲。

第一節　員工關係管理的制定

一、員工關係管理制度的制定

企業在實施員工關係管理前，必須制定相應的管理條例，以給企業在管理中提供指導。員工關係管理辦法要包括如下內容。

⑴人力資源部的主體職責。

⑵如何與員工溝通。

⑶員工申述的管道。

⑷員工衝突的解決。

⑸日常員工活動。

⑹員工的關懷處理。

圖 10-1-1　企業員工關係管理流程圖

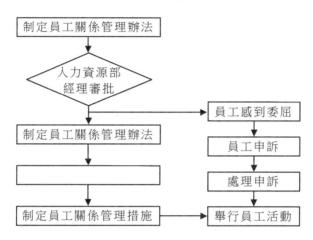

二、內部溝通

1. 內部溝通的內容

同員工進行溝通，首先需要選擇內容。人力資源部必須通過傳播員工感興趣的信息，讓其關心企業情況，支援企業的各項工作。

⑴介紹企業各方面的運作情況，讓員工瞭解企業，如企業的銷售指標、市場佔有率、企業的規模和級別、利潤和財務狀況等。

⑵介紹企業的總銷售額、贏利與虧損、收支與利潤分配等財務方面的狀況，這些狀況的公佈可以增加財務管理的透明度，加強意識，增強與企業同呼吸、共命運的責任感。

⑶介紹企業競爭對手的情況，以增加員工的危機感和緊迫感，

增強員工的鬥志和對企業的忠誠度，激勵員工的幹勁。如介紹競爭對手的實力、市場地位、在消費者和用戶中的形象、與本企業競爭的優勢等。

⑷介紹企業做出各項決策的依據，讓員工理解、擁護、支援企業的決策。如介紹轉產、擴建、尋求新合作夥伴、薪酬變動標準等。

⑸介紹企業模範人物的工作業績、突出貢獻，以增加員工對企業的信心和榮譽感，鼓勵員工去創造更大的業績。如介紹企業的創業史、企業渡過的幾次難關、企業曾在激烈的競爭中獲勝的經過、企業員工和專家們的創新和傑出貢獻等。

⑹介紹人事安排情況。如介紹企業各方面的人事變動和背景情況，一是可以讓員工瞭解新的主管，有助於樹立新主管的權威，二是可以讓員工瞭解企業人事安排和人事變動的考慮因素，便於員工監督企業的管理。

⑺介紹安全生產知識。這既是為員工的切身利益考慮，也是為企業的正常發展著想。將安全知識和安全生產的規章制度，經過長期深入的宣傳，使全體員工都懂得和重視安全生產，以確保少出或不出事故。

⑻介紹福利情況，如獎金、住房、食品、補助、育嬰托兒、醫療、休假等問題。對於這些和員工切身利益緊密聯繫的信息，要通過公開的傳播管道，及時通知企業的全體員工，使他們對企業的福利政策滿意，集中精力做好本職工作。

⑼進行遵紀守法教育。做好這項工作既能為社會的穩定作貢獻，也有利於本企業的安定。開展這項工作，要以員工喜聞樂見的形式，結合企業的實際和員工的生活方式，系統、詳細地介紹有關的法律和規定。員工能遵紀守法，會給企業帶來好的聲望並產生良好的生產、工作秩序。

⑩注意員工之間的信息溝通，如員工都希望瞭解的本企業的各種體育活動、文娛活動，以及員工在生產、生活中的趣聞等。通過員工之間信息的傳播，可以加強企業同員工之間的情感交流，也可以加強員工之間的聯繫，增加企業的凝聚力。

2.內部溝通的要點

為了更好地激發企業全體員工的積極性和創造性，增加企業的凝聚力，人力資源部必須掌握下面所介紹的內部溝通的兩要點和「7C」原則。

「7C」原則，即團隊意識(Consiousness)、團隊溝通(Communication)、團隊協調(Correspond)、團隊信任(Credit)、團隊整合(Conformity)、團隊合作(Cooperation)、團隊統御(Control)。

在與員工進行溝通時，人力資源部應把握真實性和時效性這兩個要點。

⑴真實性。主要體現在同員工進行溝通時，人力資源部要態度真誠、尊重事實、不以主觀想像代替客觀事實、不文過飾非；在態度上要坦誠，不虛情假意、不搪塞敷衍；在處理問題上要明確，這既是對員工的尊重和負責，也是對企業負責，且便於雙方獲得準確可靠的信息，避免引起不必要的誤會。

⑵時效性。和員工所要溝通的信息，大多都關係到企業的前途大計和員工的切身利益，溝通得越及時越便於採取措施、解決問題，錯過了時機，便會帶來意想不到的麻煩。如有關企業的重大決策的調整，要及時和員工溝通，以免引起不必要的誤傳，影響企業的安定；有關員工切身利益的信息傳播，要及時、準確、廣泛，不然就可能會引起誤解和混亂；對員工提出的意見和不滿，要在一定時限內給予答覆，並要在以後的工作中加以改進等。從某種意義上說，

時效性直接影響到企業的工作生產率和效益，因而務必注意。

三、員工溝通

人力資源部主管在公司，應掌握下列溝通機會：

1.入職前溝通

人力資源部在選拔面試新員工時，須將企業文化、工作職責等進行描述。同時，進入公司的新員工由人力資源部招聘專員負責引領其認識各部門入職指引人，介紹公司相關的溝通管道、後勤保障實施等，幫助新員工儘快適應新的工作環境。

2.上崗前培訓溝通

人力資源主管對員工進行上崗前溝通培訓，告訴員工公司的基本情況，以提高員工對企業文化的理解和認同、全面瞭解公司的管理制度、知曉員工的行為規範、知曉自己本職工作的崗位職責和工作標準、掌握本職工作考核標準、掌握本職工作的基本工作方法。使其能夠比較順利地開展工作、儘快融入公司，渡過「磨合適應期」。

3.試用期溝通

幫助新員工更加快速地融入公司，要儘量給新員工創造一個合適、愉快的工作環境，並且人力資源部要與新員工進行溝通，而人力資源主管主要負責與試用期的管理人員進行溝通。

4.新員工溝通頻率

新員工溝通頻率，新員工試用第一個月，至少面談兩次；新員工試用第二、第三個月，每月至少面談或電話溝通一次。除面談、電話等溝通方式外，人力資源部須在每月的最後一個星期組織新員工座談會進行溝通。

5.轉正溝通

人力資源部主管要根據新員工試用期的表現，進行轉正考核，做出客觀評價。

6.工作異動溝通

為了使員工明確工作異動的原因和目的、新崗位的工作內容、責任，更順利地融入新崗位中去，同時以期達到員工到新崗位後更加愉快、敬業地工作的目的。人力資源部要在決定異動後，三天內正式通知員工本人。

7.離職面談

人力資源主管要對主動離職員工進行離職面談。通過離職面談可以瞭解員工離職的真實原因以便公司改進管理。

對於最終決定離職的員工，由人力資源部進行最後的離職面談。主管級以下的員工由人力資源主管進行離職面談；主管級別以上員工由人力資源部經理以及以上負責人進行離職面談，讓離職員工留下聯繫方式，以便跟蹤管理。

第二節　如何建立員工的歸屬感

員工歸屬感是指員工經過一段時期的工作，在思想上、心理上、感情上對企業產生了認同感、公平感、安全感、價值感、工作使命感和成就感，這些感覺最終內化為員工的團隊歸屬感。

作為管理者要為員工營造一個和諧輕鬆的工作氛圍，為員工建立起一個溫馨的大家庭，培養員工的歸屬感，增強企業的凝聚力，從而促進企業又快又好地發展。

培養員工的歸屬感對企業發展意義重大，企業可以透過哪些方面進行培養呢？

1.營造良好的文化氛圍

員工的離職，90%的原因是歸結於主管的管理能力和培訓方式。這說明了一位合格的管理者對新員工穩定性的重要作用。若想留住新員工，必須建設、創造良好的工作氛圍。

企業的培訓部門熟知企業文化，部門主管應該以企業文化作為培訓的前提，將其融入工作中，去規範員工的行為，使員工之間互相支持，互相協作，主管與員工之間，坦誠平等，用心溝通，使員工能親身感受到在企業培訓部門團結協作氛圍，在此工作能受到重視，受到關愛，建立歸屬感，增強凝聚力。

此外管理者要時時處處站在員工的角度來考慮問題，要經常與員工合作，在取得成績之後，要與員工共同分享；給員工提供機會，明其實現生活目標；當員工遇到困難、挫折時，要伸出援助之手，給予幫助。

2.創造良好的辦公室環境

每個企業都會存在人事問題，事實證明是導致新員工離職的重要原因之一。管理者要鼓勵員工積極地融入團隊。作為管理者，當團隊確定了某種工作目標並且全力以赴的時候，應該讓員工清楚，即使他們不贊同或者不喜歡，也要做好分內工作，這樣才能融入這個團隊。沒有人喜歡在一個團隊裡總有人天馬行空，獨往獨來。團隊的努力目標一旦確立，就要努力工作，如有可能就多做一些，還要做得比預想的好。千萬不要自以為是，也不要熱情有餘行動不多。如此行為只能讓員工永遠游離在這個團隊之外，員工也就永遠也不會有團體歸屬感。

3.充分尊重員工

很多企業的管理者總是埋怨身邊沒有人才，找不到人才，或者總是歎息人才的流失。那麼，人才流失是什麼原因造成的呢？是否我們自身存在某種缺陷呢？其實，要留住人才，管理者首先要從"尊重員工"開始。

「尊重員工」說起來容易，做到卻很難。「尊重」是一種很高的修養，當然，這也成為衡量管理是否成功的標準之一。尊重是雙方面的，管理者尊重員工，員工才會擁戴管理者。管理者不要因為新員工能力、經驗、見解相對低級就對其存有偏見，管理者應該尊重每個新員工的意見和想法，或許還算不上成熟，但是說明其對企業是十分重視和關心的。因此，只有加強自身的修養，提高吸收人才的素質，創建使他們滿意的工作環境，才能使身邊人才濟濟。

4.留住優秀員工

新員工性格、個性都不相同，這也就構成了團隊的多樣性和完整性。但是並非所有的員工都要留住。員工大致可以分為四種類型：有才有德、無才有德、有才無德和無才無德。有才有德的員工應著

重培養，最終予以重用；無才有德的員工可以留用，並逐步培養，使其從無才變為德才兼備；而有才無德的員工和無才無德的員工是堅決需要予以清除的，以免影響公司的發展。

　　管理者需要在工作中仔細觀察員工，為人員留用做好準備。而對於在職員工的留用，主要有以下幾點。

5.有效地溝通

　　與員工進行良好的溝通是建立員工歸屬感的前提之一，溝能，是人跟人之間的交流，管理者要爭取與員工多溝通多交流，不要因為與員工有些誤解而避免交流和溝通，應主動參與員工的討論與活動。只有這樣才能更好地瞭解員工，消除彼此之間的誤會，加強相互的理解和信任。

　　離職員工的溝通工作，通過離職溝通，分析員工流失的原因，找出自身存在的問題。在此基礎上加以改進，這樣有助於減少員工的流失，吸引更多優秀的人才加盟。

6.從細節入手關懷員工

　　關心員工、愛護員工稱得上是最有效的管理方法，同時也是培養員工歸屬感的普遍做法。

　　首先管理者要仔細地關注員工的思想動態，瞭解其是否對工作或者管理存在心理波動；發現面臨困難或者處在迷茫狀態的員工，要及時與之進行溝通，為其提供引導和幫助。在生活上，管理者可以通過拜訪或者邀請其家人參加公司組織的聚餐活動來提升員工的優越感；在工作上，盡可能地營造歡愉的工作氛圍，讓員工能夠樂觀積極地進行工作。

7.提供豐厚的物質條件

　　員工對於物質需求是最基本的需求，企業和員工之間也主要是以利益為紐帶產生合作關係。事實證明，適當提高員工的物質待遇，

可以非常顯著地提高員工自主工作、自主管理的能力。因此，為員工創造優越的待遇也是培養員工歸屬感的好方法。

第三節　內部衝突管理

一、衝突管理

1. 解決方法和管道

為了順利地解決衝突，增加合諧，一般都會設定一些解決管道。

(1)提供自上而下的交流機會。

(2)允許下屬以匿名方式陳述疑問、意見、不滿。

(3)成立專門的委員會或由專人負責協調人際關係、處理內部衝突等。

2. 解決流程

當企業內部衝突發生時，一般按以下程序處理。

(1)檢舉。員工對企業的方針、政策、經營管理有意見、不滿，或與其他員工發生衝突時，可先與自己的直接上級坦誠交談，如仍不能解決問題則可運用檢舉制度，檢舉程序如下。

①員工將自己的不滿或有關衝突的情況以書面報告的形式寫下來，註明自己所屬的部門、姓名、住址，如希望與有關主管見面可寫申請，然後投遞。

②員工將檢舉信遞到檢舉負責人手中，負責人將檢舉人姓名、住址、部門剪下來，在保密的同時，把正文轉抄在專用紙上，根據其內容委託有關部門予以答覆。答覆的形式是多種多樣的，但均應

注意以下幾個方面：按照檢舉者的意見、問題進行答覆；回答全部問題；避免含糊不清、拐彎抹角的答覆；答覆重點在於問題的解決；對涉及機密不能回覆的事項要說明。

答覆原則上在收到檢舉後 10 日內完成。答覆一旦寄出，負責人立即將檢舉人的姓名、住址銷毀。

(2)裁決。如果通過與直接上級溝通和檢舉都不能解決問題，可安排其與上一級主管面談，由上一級主管裁決，裁決程序如下。

①事先寫好書面材料。

②對信件進行嚴格審核後，決定是否由上一級主管親自出面裁決，同時在 24 小時內把收到信件一事通知上一級主管。

③如果不需要上一級主管出面裁決，應通知寫信人，並說明另行處理方法；如果需上一級主管出面裁決，可安排面談時間，必要時也可請適當部門的管理人員解決問題。

④上一級主管受理該衝突後，需派專人調查。

⑤擔任調查的專職人員，在第一次面談時要充分瞭解產生衝突的有關情況，同時做到以下兩點：第一，調查中，採取不偏袒任何一方的公正的態度；第二，調查實質性問題不可匿名進行，但要注意保密。

⑥問題涉及多方時，要單獨調查各方，必要時也可安排各方會面。

⑦調查結束後，擔任調查的專職人員要向員工說明調查的經過、弄清的問題及得出的結論。

(3)在做最後裁決時，要以事實為根據，依企業現存的規章制度提出處理意見。

二、恰當的紀律處分

1. 紀律處分的程序

人力資源部在實施紀律處分時，首先要明確紀律處分程序的兩個要點：在進行處分前一定要讓員工明確在什麼情況下會被處罰；把由員工與不由員工控制的責任提取出來。在明確了設置紀律處分程序的兩個要點之後，接下來就要瞭解紀律處分的具體程序。

(1)瞭解規章制度。

關於紀律管理方面的具體的規章制度有員工手冊、員工的行為規範和紀律處罰條例等成文的制度。對於這些規章制度，一定要在對新進員工進行培訓的時候及在部門經理會議上，不斷地告知新老員工規章制度的具體內容和要求，只有在大家知情的情況下，這些制度才能有效實施。在向員工說明了企業的規章制度後，接下來要做的就是不斷觀察員工的表現，並且經常給予回饋。員工的直接主管要告知員工怎麼做是對的、怎麼做是違反規定的，只有在與員工不斷溝通並使之明確獎懲制度的前提下，才有可能順利實施各項措施。

(2)與規章制度比較。

在實施懲罰前，還要將犯錯員工的表現和成文的規章制度作對比，比較一下兩者是否相差很多、表現在什麼地方，這樣可以為下一步驟的實施提供有力依據。

(3)實施恰當的處分。

如果員工的行為遠遠背離規章制度，就要對其遵照規章制度實施恰當的處分。

2.紀律處分的方法

對員工的紀律處分的執行有幾種方法，其中最重要的三種是熱爐規則、漸進式處分和無懲罰處分。

(1)熱爐規則。熱爐規則是實施處分的一種方法，按照這種方式實施處分應注意以下事項。

①立即燃燒。如果要進行處分，必須在錯誤發生後立即採取行動，這樣才會使員工明白處分的原因，隨著時間的推移，他們會覺得自己並沒有錯，從而在一定程度上削弱了懲罰效果。

②提出警告。對不能接受的行為事先提出警告也是極為必要的。當人們走近一個熱爐，火爐的熱量就會警告他們，如果觸摸就會被燒傷，從而使他們還有機會避免可能發生的燙傷。

③給予一致的懲罰。處分也應該是一致的，即犯同樣錯誤的每一個人，所受到的懲罰也是同樣的。就像一個熱火爐，以同樣力度、同樣時間對待觸摸火爐的每一個人，觸摸它的人都會受到同等程度的燒傷。

④不受個人情感左右的燃燒。處分應該是不受個人情感影響的。熱火爐會燒傷任何觸摸它的人——不帶有任何私心。

儘管熱爐方式有一些優點，但它也存在不足。如果所有懲罰發生的環境都是相同的，那麼這種方式將沒有任何問題，但是實際情況往往差別很大，每項懲罰都涉及許多變數。如企業對一名忠誠工作了 20 年的員工的處分，和對一名來到企業不滿 6 週的員工的處分能一樣嗎？因此，你往往會發現在進行處分的時候，不可能做到完全的一致和不受個人情感影響，因為情況確實是各不相同的，此時就可以採用下面介紹的漸進式處分。

(2)漸進式處分。漸進式處分目的是確保對所犯錯誤施以最恰當的懲罰，使用該法要求回答一系列與所犯錯誤的嚴重程度有關的問

題。人力資源部必須按順序提出一些問題來決定實施什麼樣的處分，這些問題如圖 10-3-1 所示。

圖 10-3-1　漸進式處分按順序提出的問題

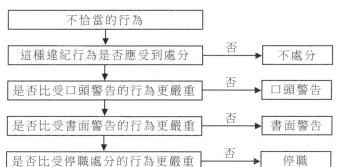

表 10-3-1　漸進處分的建議指南

需要第一次口頭警告、第二次書面警告、第三次終止合約的違紀行為：怠忽職守；擅離崗位；工作效率低
需要第一次書面警告、第二次終止合約的違紀行為：工作時間睡覺；未請假連續 1～2 天不來上班；浪費財物
需要立即解僱的違紀行為：盜竊；工作時間打架、偽造時間卡；未請假連續 3 天不來上班

　　當已經決定要實施處分之後，接下來的問題是「這種錯誤是不是應該受到比口頭警告更嚴重的處分？」，如果這種不正確的行為是輕微的並且是初犯，也許口頭警告就足夠了。在對上述問題做出肯定回答之前，一名員工也可能會接到幾個口頭警告。在漸進式處分中，人力資源部對於每一層次上的錯誤都應遵循同樣的程序，只有在前面所有層次的問題都得到肯定回答之後，才能考慮終止合約即

辭退。

為了幫助人力資源部門正確選擇處分形式，一些企業將這一程序規範化，一種方式是制定漸進處分的建議指南。一名員工未經允許擅自離開崗位，初犯時會受到口頭警告，再犯時會受到書面警告，第三次犯將被終止工作合約。在工作中打架鬥毆，通常會被立即終止合約。然而，為了適應企業的需要，對各種違紀行為要制定出不同的處罰標準。如在生產炸藥的工廠裏，在未經允許的區域內吸煙，將會被立即解僱，可同樣的錯誤在生產水泥製品的工廠裏可能就不會這樣嚴重。總的來說，懲罰應和錯誤的嚴重程度相當，而不是越嚴厲越好。

(3)無懲罰處分。無懲罰處分是指給員工一段時間帶薪休假，考慮自己是否願意遵守規章制度、是否願意繼續為企業工作的問題。當員工違反了規章制度，一般要給予口頭的提醒，再犯時給予書面提醒，如果第三次違反，則這個員工必須離開工作崗位 1～3 天(帶薪資)來考慮這個問題。在前兩次違紀中，應鼓勵員工去解決問題，如果出現第三種情況，則當這個員工回來之後，他要保證再也不會犯這樣的錯誤，否則將離開企業。

在應用無懲罰處分時，所有的規章制度都有清楚的書面說明，這一點特別重要。在新進員工剛來時就應告訴他，重覆違反不同的規章制度和幾次違反同一規章制度將被同樣對待，這種方式可以防止員工鑽這一程序的空子。

第四節　員工關係管理辦法

1. 目的

為規範××××公司的員工關係管理工作，創建和諧的勞資合作關係，特制定本制度。

2. 適用範圍

公司所有在職員工，試用期員工，臨時工。

3. 主要責任

⑴人力資源部主導員工關係管理工作。

⑵其他部門協助人事部執行好員工關係管理工作。

⑶各位員工需要積極配合人力資源部。

⑷員工是員工關係的中心。

4. 管理內容

⑴員工關係管理作為人力資源部管理的一個重要項目，在公司裏發揮了巨大作用，因此員工關係管理應包括如下內容。

①工作關係的管理：工作合約管理、勞資糾紛管理、滿意度調查以及人事異動管理。

②員工活動管理：公司中各種員工活動。

③溝通機制管理。

④員工關懷。

⑤心理輔導與疏通。

⑵員工關係管理是每一位員工的職責。

⑶員工應該保持有申訴的權利。

5.工作合約管理

⑴工作合約是公司與所聘員工的工作關係的憑證，明確了雙方的權利與義務。公司所有員工都要與企業簽訂工作合約。

⑵所有員工在入職 30 天內都必須簽訂工作合約，合約簽訂時間為員工的入職時間，合約的簽訂期一般為兩年。

⑶員工調動時，調出公司要收回合約，調入公司需要簽訂新合約。

⑷人力資源部在員工工作合約期滿前 1 個月，應立即通知員工本人與本部門主管，就是否續約進行確認。其中任何一方不同意續約，需在合約期滿前 3 天通知雙方，並按照程序解除工作合約；如果雙方均表示有合作意向，應在合約期滿前簽訂續約合約。

⑸員工使用期內，可以提前 3 天表示解除合約；非使用期內，需要提前 30 天解除合約。

⑹雙方出現糾紛時，由人力資源部代表公司與員工協商解決糾紛。

6.員工活動與組織

⑴人力資源部員工關係專員與行政專員及其員工志願者，共同組建員工活動小組，負責組織各種活動小組和組織各種小組活動。

⑵活動時間。

①小型活動(如籃球賽)，每季一次一項。

②中型活動(如部門聚餐、團隊建設)，每半年一次。

③大型活動(如年會)，每年一次。

⑶經費來源。

①員工日常違紀罰款。

②員工缺勤扣款。

③公司提供。

⑷員工關係專員負責向各公司申請或者籌集員工活動經費，並按計劃對活動經費進行管理與控制。

7.員工內部溝通管理

⑴公司試行「入職指引人」制度，由部門評選出部門的核心骨幹人員擔任部門入職指引人。入職指引人的職責主要有以下幾個方面。

①幫助本部門員工熟悉部門運作流程；保持與人力資源部員工關係專員的溝通；回饋新員工的工作狀態和工作表現。

②主動為新員工解答疑難，幫助新員工處理各類事務。

③轉正前對新員工做出客觀的評價，以此作為新員工的轉正依據之一。

⑵員工溝通主要分為正式溝通與非正式溝通兩大類，正式溝通包括以下幾個方面。

①入職前溝通。為達到「以企業理念凝聚人、以事業機會吸引人、以專業化和職業化要求選拔人」的目的，在選拔面試時需將企業文化、工作職責等進行描述。人力資源部負責人、各部門負責人與分管副總對中高級管理人員進行「入職前溝通」。

同時，進入公司的新員工由人力資源部招聘專員負責引領新員工認識各部門入職指引人，介紹公司相關的溝通管道、後勤保障實施等，幫助新員工儘快適應新的工作環境。

②崗前培訓溝通。對員工上崗前必須掌握的基本的內容進行溝通培訓，以掌握公司的基本情況，提高對企業文化的理解和認同，全面瞭解公司的管理制度，知曉員工的行為規範，知曉自己的本職工作的崗位職責和工作標準，掌握本職工作考核標準，掌握本職工作的基本工作方法，從而比較順利的開展工作，儘快融入公司，度過「磨合適應期」。

③試用期溝通。

a.為幫助新員工更加快速地融入公司，度過「磨合適應期」，應儘量給新員工創造一個合適、愉快的工作環境。

b.由人力資源部、新員工所屬直接上級與新員工進行溝通。人力資源部主管主要負責對管理人員進行試用期溝通；管理人員以外的新員工溝通、引導，原則上由其所屬上級人力資源以及人力資源部專員負責。

c.溝通頻次要求。

・人力資源部：新員工試用第一個月，至少面談 2 次；新員工試用第二、三個月，每月至少面談或電話溝通 1 次。

・新員工的入職指引人和所屬直接上級，可以參照人力資源部的溝通頻次要求進行。

d.除面談、電話等溝通方式外，人力資源部需在每月的最後一個星期組織新員工座談會進行溝通。

④轉正溝通。

a.根據新員工試用期的表現，結合《績效管理制度》進行轉正考核，在《轉正申請表》上做出客觀評價。

b.溝通時機。

・新員工所屬直接上級：進行新員工轉正評價時，並形成部門意見。

・人力資源部：在審核員工轉正時，並且形成職能部意見。

⑤工作異動溝通。

a.為了使員工明確工作異動的原因和目的，瞭解新崗位的工作內容、責任，更順利地融入到新崗位中去，同時以期達到員工到新崗位後更加愉快、敬業的工作的目的。

b.溝通時機。

· 人力資源部：在決定異動後正式通知員工本人前三天內。

· 異動員工原部門直接上級：在接到人力資源部的員工異動決定通知後立即進行。

· 異動員工新到部門直接上級：在異動員工報到上崗之日，相當於新員工的入職引導和崗位培訓溝通。

⑥離職面談。

a. 本著善待離職者原則，對於主動離職員工，通過離職面談瞭解員工離職的真實原因以便公司改進管理；對於被動離職員工，通過離職面談提供職業發展建議，不讓其帶著怨恨離開；誠懇地希望離職員工留下聯繫方式，以便跟蹤管理。

b. 溝通時機。

第一次：得到員工離職信息時或做出辭退員工決定時。

第二次：員工離職手續辦清楚準備離開公司的最後一天。

c. 離職面談責任人：原則上由人力資源部和員工所屬部門負責人共同組織。

· 第一次離職面談。對於主動提出辭職的員工，員工直接上級或者其他人得到信息後應立即向其他部門負責人和人力資源部員工關係專員反映。擬辭職員工部門負責人應立即進行離職面談，瞭解離職原因，對於把握不準是否挽留的應先及時回饋人力資源部以便共同研究或者彙報，再採取相應的措施。對於主管級以上的管理人員主動辭職，得到信息的人應先將信息第一時間回饋給人力資源部負責人以便決策。對於企業辭職員工，由人力資源部進行第一次離職面談。

· 第二次離職面談。對於最終決定同意離職的員工，由人力資源部進行第二次離職面談。主管級以下的員工由人力資源部主管進行離職面談；主管級別以上員工由人力資源部經理以及以上負責人

進行離職面談。第二次面談可以採取離職員工填寫《離職員工面談表》的相關內容方式配合完成。第二次面談應技巧性讓離職員工留下聯繫方式，以便跟蹤管理。

d.每月進行員工離職原因分析，由人力資源部員工關係專員完成。

⑦非正式溝通。非正式溝通有如下幾種形式。

a.每季由人力資源部負責舉行各部門管理人員暢談會，人力資源部負責記錄。

b.每年召開一次員工代表大會，由人力資源部門主持並負責記錄。

c.邀請員工家屬參加員工娛樂活動。

8.員工關懷管理

⑴員工關懷管理是為了增強員工的歸宿感。

⑵每逢傳統節假日，人力資源部要對員工進行慰問，並準備一些禮品贈給員工。

⑶員工生日要給員工發放生日祝福卡。

⑷如果某位員工出現家庭困難，人力資源部應召集募捐活動，公司主管必須帶頭募捐，募捐名單與金額由人力資源部統計。

9.員工申訴管理

⑴員工申訴管理的目的是為了減少員工在工作中，因為受到不公正待遇而產生的不良情緒。

⑵申訴程序：員工向直接上級投訴，如直接上級在 3 日之內仍未解決問題，可越級向部門經理或者分管主管投訴，同時也可向人力資源部經理或員工關係專員投訴，人力資源部負責 3 日內解決投訴問題。

⑶員工對人力資源部的處理結果不滿意，可繼續向人力資源部

的主管提請復議，主管有責任在一週內重新瞭解情況給予處理意見，此復議為申訴處理最終環節。

10.附 則

本制度解釋權歸公司人力資源部，如有不明之處，請向人力資源部諮詢。

第五節　員工手冊的作用

一、員工手冊的作用

員工手冊是企業規範化、制度化管理的基礎，俗話說，員工手冊的重要性可見一斑。

員工手冊、規章制度作為行為的準則，對員工和管理者起著行為指南的作用。規章制度公佈後，員工和管理者均清楚了自己享有哪些權利，如何享有這些權利；也知道了自己應履行哪些義務，如何履行這些義務，從而明確了各自的行為方向。如，考勤制度使員工知道了什麼時間是工作時間，什麼時間是休息時間，指引員工按時上下班，防止遲到或早退現象的出現；也指引管理者正確認定遲到或早退現象，實施更加高效的管理。又如，公司的制度尤其是績效考核制度要明確企業對員工的考核要求，並讓員工瞭解公司對其考核的客觀標準，讓員工明確知道通過怎樣的努力可以獲得期望的成績、漲薪或晉升，儘量降低人為因素的影響。可見，規章制度通過權利義務的分配及違紀責任的設置，使員工和管理者均能預測到自己行為的後果，進而指導各自的行為。

面對審理勞動爭議案件焦點——員工手冊、規章制度，企業只有通過制定專業、合法、有效的員工手冊和規章制度才能降低管理成本，防範勞動用工中的風險。員工手冊的制定權是法律賦予企業的用人權的重要組成部分。制定規章制度用以規範企業管理運作是企業行使用人權的重要方式之一，用人單位可以依據依法制定的員工手冊對勞動者進行管理，包括對勞動者違紀違法的行為予以依法處理。制定一部完整的員工手冊可以說是企業規範化、制度化管理的基礎和重要手段，它不是鎖在員工抽屜中的一疊廢紙，而是企業內部的憲法，有了它，員工就有了行動指南，企業管理就擁有了有力的「武器」。企業應該用好它的內部立法權，幫助企業管理人員優化管理環境，提高管理效率。

員工手冊、規章制度作為企業文化的載體，可促進企業文化的傳播，對企業文化建設有很重要的促進作用。

綜上所述，員工手冊、規章制度不僅可以規範員工和管理者的行為，提高經營績效，還可以規範企業的用工管理，優化企業的人力資源配置，同時還能促進企業文化建設。可見，員工手冊、規章制度在企業日常管理中起著至關重要的作用。

員工手冊不僅對員工起到正面的教育、引導作用，而且還對員工起到反面的警戒、威懾作用。有時爭議防不勝防，無法避免，好的員工手冊可使企業從開始就處於主動，並成為最終獲勝的「法寶」。

一本好的員工手冊可以被認為是企業內部的憲法，既關係到勞資雙方的切實利益，又是協調內部關係的重要依據；而一本不夠完善的員工手冊則往往成為企業勞動爭議不斷的導火索，甚至成為企業在勞動爭議案件中敗訴的關鍵原因。

員工手冊、規章制度既規範著企業日常的管理，還幫助企業預防法律風險、避免勞動糾紛，其有如此重要的作用，就要求企業應

當將員工手冊、規章制度的建立和完善作為人力資源管理的第一要
務來抓。

二、員工手冊的主要內容

員工手冊一般涉及企業的歷史、宗旨、企業簡介、經營宗旨、
經營目標、企業精神、管理總則等企業經營理念、企業組織結構、
企業員工守則、企業員工工作準則、員工禮儀、人事管理制度、安
全生產守則、員工教育培訓、企業員工守密協定以及其他相關內容。

(1)前言

這部份主要是對企業歷史傳統、經營理念、信條、企業文化等
內容的描述，一般在法律上沒有什麼約束，主要是起到一個宣傳企
業文化、經營理念的作用，在於加深員工對企業的瞭解，提高員工
對企業的忠誠度，加強員工對企業的歸屬感。

曾處理過勞工爭議案件，企業在員工試用期內以不符合錄用條
件為由予以辭退，結果員工不服，將企業告上仲裁庭，要求恢復勞
工關係。在搜集證據應訴過程中，企業發現並無強有力的證據證明
該員工能力不行，因此只能從其他角度入手。最終，我們發現在其
錄用條件中有一條：工作理念與企業文化、經營理念相悖的，視為
不符合錄用條件。同時，在該企業員工手冊的前言部份，就明確說
明了企業的文化和理念。這樣，通過很多間接證據構成的證據鏈，
該企業獲得了案件的最終勝利。

(2)一般規定

這部份主要是對員工手冊制定依據、制定目的、適用範圍、法
律地位等內容的描述。這一部份有個問題需要說明一下，那就是適
用範圍問題。

碰到很多種針對適用範圍條款的設計：「本手冊適用於在本公司工作的所有員工」、「本手冊適用於與本公司建立勞工關係的所有員工」……這些表述，要麼範圍太廣，要麼範圍太窄，最終的結果都是容易引發對特殊員工管理時制度適用的混亂。

在很多企業裏，存在多種用工模式，除了建立勞工關係的員工外，還有實習生、退休返聘人員、兼職人員、勞務派遣人員等多種用工模式存在。在這些用工模式中，建立勞工關係的員工對員工手冊的適用是必然的，但是其他類型的人員在員工手冊適用問題上，卻既不能一概否認，又不能一概肯定。因為，一旦全盤否認，就可能在對這些特殊員工進行管理時碰到制度缺位的情形；而一旦全部納入員工手冊的適用範圍，又可能在管理時碰到制度與協議相衝突的情形。

因此，員工手冊中的適用範圍也可以採用類似的表述方式，先規定適用於所有建立勞工關係的員工，然後對於非建立勞工關係的人員則採用「特別規定優先，無特別規定參照執行」的方式來進行表述。這樣一來，前面提到的問題就迎刃而解了。

(3)具體管理制度

這部份包含了員工招聘管理制度、勞工合約管理制度、工時制度、考勤制度等一系列具體的員工關係管理制度。這些內容我們將在後面的章節中一一詳細討論，此處不再贅述。

(4)附則

這部份是對制度的解釋權、修改權、生效起始時間等內容進行的闡述。

制度的解釋權。可以由制定者自己行使，也可以授權其他部門行使。員工手冊作為基本的管理制度，其制定權應當歸屬總經理所有，所以企業在制定員工手冊時，一般是由人力資源部門起草，由

總經理決定並簽發。那麼，該手冊的解釋權就應當由總經理或者總
經理授權人力資源部門行使。

第六節　（案例）規劃員工的職業生涯

　　萬科集團的房地產業務遍佈 16 個城市，形成三大區域管理中
心，是房地產行業的領跑者，是首批公開上市的企業之一，曾入選
最受尊敬的 6 大上市公司之一。

　　在迅猛發展的背後，其獨具特色的人力資源管理體系對此給予
最大的支援，萬科對員工職業生涯的關注與重視則是其人力資源管
理的重點之一。

1. 萬科的人才理念

　　萬科集團提出「人才是萬科的資本」的人才理念。基於這個理
念，萬科在制定人力資源政策時以尊重人為前提，尊重員工的選擇
權和隱私權，避免裙帶關係，舉賢避親，努力為員工提供公平競爭
的環境。

　　企業要為員工創造健康的工作環境、豐富的工作內容與和諧的
工作氣氛。人最寶貴的時間是在工作中度過的，工作本身應該給員
工帶來快樂和成就感。感興趣的工作、志趣相投的同事、健康的體
魄和開放的心態、樂觀向上的精神，這是萬科追求的價值觀。

　　企業有責任關心、愛護每位成員，在充分尊重個性的前提下，
宣導健康的工作生活道德規範。

　　透過企業，員工不僅要實現基本的生活要求，還要實現其理想
的生活方式和奮鬥目標；透過個人，企業不僅要實現自身的增值和

發展,還要完成其承擔的社會職責。

2.萬科的培訓體系

萬科集團注重培訓的系統化,從董事長到打字員,員工都被包括在培訓體系之內,形成完善的動態系統。

萬科建立了完善的培訓制度,例如,《公司派遣外出學習管理規定》《個人進修資助規定》《雙向交流管理規定》《後備幹部培養辦法》《第一負責人赴任培訓規定》《培訓積分管理辦法》等。

培訓課程很豐富,還建立了「E 學院」,公司治理結構、業務流程、財務管理、品牌戰略、銷售力訓練、創新管理等課程應有盡有,常規課程教學所需資料、師資全部虛擬化。新員工透過網上的多媒體教學進行學習並完成在線測試,這不僅使員工能儘快瞭解並認同萬科的理念與文化,而且可以學習基本的業務知識。萬科與大學合辦的 EMBA 班,遠端在線教學,使得每時每地的培訓成為可能,這也解決了萬科職業經理流動性大這個工作特點造成的培訓上的困難。

公司認為「邀請外部培訓機構」做培訓是很划算的。同時,採用惠普的「管理流程」、摩托羅拉的「職業生涯規劃」及其他根據不同管理層面需求而設計的情境領導、管理才能發展等專題培訓,充分體現了萬科博採眾長的特性。

萬科也不斷地挖掘和培養內部講師,創立了以自我設計、自我培訓、自我考核為核心的「3S 培訓模式」。內部師資更加關注企業自身的東西,例如,萬科優秀的職業經理的標準,萬科的經營觀、市場觀,如何防範房地產經營的風險等。

萬科要求每一位管理者都要成為教練、講師,成為專業骨幹和培訓的中堅力量,擔負起工作指導、培訓推廣的責任。董事長親自帶頭,言傳身教,將開會、交談、工作交流等方式作為培訓員工的機會,不遺餘力地向下屬傳授經營管理經驗。

3.萬科如何培養後備人才

萬科反對企業過多使用「空降兵」，強調獨立培養自己的職業經理。萬科 84.2%的幹部是從內部培養提拔的，「空降兵」的比例僅佔 15%左右。自己培養的幹部熟悉企業情況，忠誠度高，具有良好的素質、較高的業務能力和市場理念，是企業非常重要的力量。

萬科設立了「萬科人才庫」，輸入每一位員工的教育背景、工作業績、管理類型、心理需求、群眾威信、業務能力、培訓成績、發展潛力等數據，以備人才選拔。萬科開始實行兩個計劃：

①TPP 計劃(Talent Promotion Project)，關注有潛力員工向管理崗位的提升，根據其歷年業績、素質測評結果以及上司認可度，優先任用。將一批思想活躍、素質優良的年輕業務骨幹集中起來，成立管理研討班，對企業發展戰略和經營管理問題進行經常性的探討，並提出可行性方案供決策層參考。對新上崗的經理採用實習制，「先做隊員，再做教練」。

②MPP 計劃(Manage Promotion Project)，關注一線公司或總部職能部門高級管理層的後備人選的培養問題。對高層的後備人選，公司每年控制在 50 人以內，就像惠普的「獅子計劃」一樣，給他們提供包括出國考察、崗位輪換、集中培訓等機會。

4.萬科的職業通道與職業生涯規劃

萬科十分關注員工的職業生涯發展。按照萬科理念，認為一個人終身做不適合自己的工作，就是對雙方不負責任的表現，不如引導他尋求更適合個人發展的職業空間。萬科強調「個人自主選擇性」和「企業對人的可替換性」。

一邊是員工的個人職業發展規劃，一邊是企業的人力資源規劃，當兩者吻合或產生交集時，才能實現雙贏。萬科在「職工工作坊」系列培訓課程裏設置了職業生涯規劃一課。

　　萬科推行管理與技術並行的雙重職業發展道路，員工可以在一個或幾個相關領域裏持續深入地發展；也可以透過協調、組織團隊成員工作，完成團隊目標，發展自己在管理方面的能力。

　　員工在企業裏的職業生涯推進，往往是以其在企業中的崗位變遷為標誌的。萬科人力資源部開始描繪企業的崗位地圖，試圖對全集團所有崗位進行描述，包括職責描述和入職能力描述。員工透過各種測評手段進行自我優勢測評之後，對照地圖上的崗位描述，就可以瞭解自己與目標崗位入職要求之間的差距，從而決定個人的職業發展路徑。

　　崗位地圖使主動的職業發展規劃成為可能，同時也使企業高效地進行內部培養成為可能。對照企業的崗位地圖，員工可以主動選擇自己的方向，萬科也可以根據企業發展的步伐，有針對性地對員工進行職業發展引導，同時提高職業發展所需的增值機會，包括各種培訓和掛職交流。

　　萬科尊重員工的選擇權。萬科根據員工的個人能力、工作表現和業務需要徵求其意願後安排工作和流動。員工在滿足了一定工作年限要求後，有選擇在不同地域、不同公司，甚至跟隨不同上司工作的權利。

　　萬科在評選中，與 IBM、微軟、新力等跨國公司共同入選「大學生心目中最佳僱主企業五十家」之列。二十幾年來持續不斷的專業團隊建設使萬科形成了和諧而富有激情的工作氣氛，並得以吸引一大批優秀人才來到這個擁有健康豐富人生的地方。

　　萬科對員工的職業生涯管理，將員工的個人職業生涯發展計劃與企業的人力資源規劃結合起來，促進員工個人與企業的共同進步，這是企業為員工實施職業生涯管理的重要立足點。企業在實施員工職業生涯管理時，既不能光考慮員工個人的發展，也不能僅站

在企業單方面的角度來考慮企業人力資源規劃，而是應將二者結合起來。

　　TPP 計劃實質上是一個不斷發掘管理人才的計劃，對有管理潛質的人才儘早培養。MPP 計劃則是一個高級管理崗位的繼任計劃，透過這一計劃不僅使得企業的高管隊伍後繼有人，而且使這些後備人選得以充分開發，做好接任準備。

　　自我設計、自我培訓、自我考核的「3S 培訓模式」不僅使得內部培訓更有針對性，更加關注企業自身的文化和價值觀念，而且使得職業經理人都有能力成為下級的職業導師。

企業的核心競爭力，就在這里！

圖 書 出 版 目 錄

憲業企管顧問（集團）公司為企業界提供診斷、輔導、培訓等專項工作。下列圖書是由臺灣的憲業企管顧問(集團)公司所出版，自 1993 年秉持專業立場，特別注重實務應用，50 餘位顧問師為企業界提供最專業的經營管理類圖書。

選購企管書，敬請認明品牌：憲 業 企 管 公 司。

1.傳播書香社會，直接向本出版社購買，一律 9 折優惠，郵遞費用由本公司負擔。服務電話(02)27622241 (03)9310960 傳真(03)9310961
2.付款方式：請將書款轉帳到我公司下列的銀行帳戶。
 · 銀行名稱：合作金庫銀行（敦南分行） 帳號：5034-717-347447
 公司名稱：憲業企管顧問有限公司
 · 郵局劃撥號碼：18410591 郵局劃撥戶名：憲業企管顧問公司

3.圖書出版資料每週隨時更新，請見網站 www.bookstore99.com

經營顧問叢書

152	向西點軍校學管理	360 元
154	領導你的成功團隊	360 元
163	只為成功找方法，不為失敗找藉口	360 元
167	網路商店管理手冊	360 元
168	生氣不如爭氣	360 元
170	模仿就能成功	350 元
176	每天進步一點點	350 元
181	速度是贏利關鍵	360 元
183	如何識別人才	360 元
184	找方法解決問題	360 元
185	不景氣時期，如何降低成本	360 元
186	營業管理疑難雜症與對策	360 元
187	廠商掌握零售賣場的竅門	360 元
188	推銷之神傳世技巧	360 元
189	企業經營案例解析	360 元
191	豐田汽車管理模式	360 元
192	企業執行力（技巧篇）	360 元
193	領導魅力	360 元
198	銷售說服技巧	360 元
199	促銷工具疑難雜症與對策	360 元
200	如何推動目標管理（第三版）	390 元
201	網路行銷技巧	360 元
204	客戶服務部工作流程	360 元
206	如何鞏固客戶（增訂二版）	360 元
208	經濟大崩潰	360 元
215	行銷計劃書的撰寫與執行	360 元
216	內部控制實務與案例	360 元
217	透視財務分析內幕	360 元
219	總經理如何管理公司	360 元
222	確保新產品銷售成功	360 元
223	品牌成功關鍵步驟	360 元
224	客戶服務部門績效量化指標	360 元
226	商業網站成功密碼	360 元
228	經營分析	360 元
229	產品經理手冊	360 元
230	診斷改善你的企業	360 元
232	電子郵件成功技巧	360 元
234	銷售通路管理實務〈增訂二版〉	360 元
235	求職面試一定成功	360 元
236	客戶管理操作實務〈增訂二版〉	360 元
237	總經理如何領導成功團隊	360 元
238	總經理如何熟悉財務控制	360 元
239	總經理如何靈活調動資金	360 元
240	有趣的生活經濟學	360 元
241	業務員經營轄區市場（增訂二版）	360 元
242	搜索引擎行銷	360 元
243	如何推動利潤中心制度（增訂二版）	360 元
244	經營智慧	360 元
245	企業危機應對實戰技巧	360 元
246	行銷總監工作指引	360 元
247	行銷總監實戰案例	360 元
248	企業戰略執行手冊	360 元
249	大客戶搖錢樹	360 元
252	營業管理實務（增訂二版）	360 元
253	銷售部門績效考核量化指標	360 元
254	員工招聘操作手冊	360 元
256	有效溝通技巧	360 元
258	如何處理員工離職問題	360 元
259	提高工作效率	360 元
261	員工招聘性向測試方法	360 元
262	解決問題	360 元
263	微利時代制勝法寶	360 元
264	如何拿到 VC（風險投資）的錢	360 元
267	促銷管理實務〈增訂五版〉	360 元
268	顧客情報管理技巧	360 元
269	如何改善企業組織績效〈增訂二版〉	360 元
270	低調才是大智慧	360 元
272	主管必備的授權技巧	360 元
275	主管如何激勵部屬	360 元
276	輕鬆擁有幽默口才	360 元
278	面試主考官工作實務	360 元
279	總經理重點工作（增訂二版）	360 元
282	如何提高市場佔有率（增訂二版）	360 元

284	時間管理手冊	360 元	325	企業如何制度化	420 元
285	人事經理操作手冊（增訂二版）	360 元	326	終端零售店管理手冊	420 元
286	贏得競爭優勢的模仿戰略	360 元	327	客戶管理應用技巧	420 元
287	電話推銷培訓教材（增訂三版）	360 元	328	如何撰寫商業計畫書（增訂二版）	420 元
288	贏在細節管理（增訂二版）	360 元	329	利潤中心制度運作技巧	420 元
289	企業識別系統 CIS（增訂二版）	360 元	330	企業要注重現金流	420 元
291	財務查帳技巧（增訂二版）	360 元	331	經銷商管理實務	450 元
295	哈佛領導力課程	360 元	332	內部控制規範手冊（增訂二版）	420 元
296	如何診斷企業財務狀況	360 元	334	各部門年度計劃工作（增訂三版）	420 元
297	營業部轄區管理規範工具書	360 元	335	人力資源部官司案件大公開	420 元
298	售後服務手冊	360 元	336	高效率的會議技巧	420 元
299	業績倍增的銷售技巧	400 元	337	企業經營計劃〈增訂三版〉	420 元
300	行政部流程規範化管理（增訂二版）	400 元	338	商業簡報技巧（增訂二版）	420 元
302	行銷部流程規範化管理（增訂二版）	400 元	339	企業診斷實務	450 元
304	生產部流程規範化管理（增訂二版）	400 元	340	總務部門重點工作（增訂四版）	450 元
305	績效考核手冊(增訂二版)	400 元	341	從招聘到離職	450 元
307	招聘作業規範手冊	420 元	342	職位說明書撰寫實務	450 元
308	喬·吉拉德銷售智慧	400 元	343	財務部流程規範化管理（增訂三版）	450 元
309	商品鋪貨規範工具書	400 元	344	營業管理手冊	450 元
310	企業併購案例精華（增訂二版）	420 元	345	推銷技巧實務	450 元
311	客戶抱怨手冊	400 元	346	部門主管的管理技巧	450 元
314	客戶拒絕就是銷售成功的開始	400 元	347	如何督導營業部門人員	450 元
315	如何選人、育人、用人、留人、辭人	400 元	348	人力資源部流程規範化管理（增訂五版）	450 元
316	危機管理案例精華	400 元		《商店叢書》	
317	節約的都是利潤	400 元	18	店員推銷技巧	360 元
318	企業盈利模式	400 元	30	特許連鎖業經營技巧	360 元
319	應收帳款的管理與催收	420 元	35	商店標準操作流程	360 元
320	總經理手冊	420 元	36	商店導購口才專業培訓	360 元
321	新產品銷售一定成功	420 元	37	速食店操作手冊〈增訂二版〉	360 元
322	銷售獎勵辦法	420 元	38	網路商店創業手冊〈增訂二版〉	360 元
323	財務主管工作手冊	420 元	40	商店診斷實務	360 元
324	降低人力成本	420 元	41	店鋪商品管理手冊	360 元
			42	店員操作手冊（增訂三版）	360 元

44	店長如何提升業績〈增訂二版〉	360 元
45	向肯德基學習連鎖經營〈增訂二版〉	360 元
47	賣場如何經營會員制俱樂部	360 元
48	賣場銷量神奇交叉分析	360 元
49	商場促銷法寶	360 元
53	餐飲業工作規範	360 元
54	有效的店員銷售技巧	360 元
56	開一家穩賺不賠的網路商店	360 元
58	商鋪業績提升技巧	360 元
59	店員工作規範（增訂二版）	400 元
61	架設強大的連鎖總部	400 元
62	餐飲業經營技巧	400 元
64	賣場管理督導手冊	420 元
65	連鎖店督導師手冊（增訂二版）	420 元
67	店長數據化管理技巧	420 元
69	連鎖業商品開發與物流配送	420 元
70	連鎖業加盟招商與培訓作法	420 元
71	金牌店員內部培訓手冊	420 元
72	如何撰寫連鎖業營運手冊〈增訂三版〉	420 元
73	店長操作手冊（增訂七版）	420 元
74	連鎖企業如何取得投資公司注入資金	420 元
75	特許連鎖業加盟合約（增訂二版）	420 元
76	實體商店如何提昇業績	420 元
77	連鎖店操作手冊（增訂六版）	420 元
78	快速架設連鎖加盟帝國	450 元
79	連鎖業開店複製流程（增訂二版）	450 元
80	開店創業手冊〈增訂五版〉	450 元
81	餐飲業如何提昇業績	450 元

《工廠叢書》

15	工廠設備維護手冊	380 元
16	品管圈活動指南	380 元
17	品管圈推動實務	380 元
20	如何推動提案制度	380 元
24	六西格瑪管理手冊	380 元
30	生產績效診斷與評估	380 元
32	如何藉助 IE 提升業績	380 元
46	降低生產成本	380 元
47	物流配送績效管理	380 元
51	透視流程改善技巧	380 元
55	企業標準化的創建與推動	380 元
56	精細化生產管理	380 元
57	品質管制手法〈增訂二版〉	380 元
58	如何改善生產績效〈增訂二版〉	380 元
68	打造一流的生產作業廠區	380 元
70	如何控制不良品〈增訂二版〉	380 元
71	全面消除生產浪費	380 元
72	現場工程改善應用手冊	380 元
77	確保新產品開發成功（增訂四版）	380 元
79	6S 管理運作技巧	380 元
84	供應商管理手冊	380 元
85	採購管理工作細則〈增訂二版〉	380 元
88	豐田現場管理技巧	380 元
89	生產現場管理實戰案例〈增訂三版〉	380 元
92	生產主管操作手冊(增訂五版)	420 元
93	機器設備維護管理工具書	420 元
94	如何解決工廠問題	420 元
96	生產訂單運作方式與變更管理	420 元
97	商品管理流程控制(增訂四版)	420 元
102	生產主管工作技巧	420 元
103	工廠管理標準作業流程〈增訂三版〉	420 元
105	生產計劃的規劃與執行(增訂二版)	420 元
107	如何推動 5S 管理（增訂六版）	420 元
108	物料管理控制實務〈增訂三版〉	420 元
111	品管部操作規範	420 元
113	企業如何實施目視管理	420 元
114	如何診斷企業生產狀況	420 元

117	部門績效考核的量化管理（增訂八版）	450 元
118	採購管理實務〈增訂九版〉	450 元
119	售後服務規範工具書	450 元
120	生產管理改善案例	450 元
121	採購談判與議價技巧〈增訂五版〉	450 元
122	如何管理倉庫〈增訂十版〉	450 元

《培訓叢書》

12	培訓師的演講技巧	360 元
15	戶外培訓活動實施技巧	360 元
21	培訓部門經理操作手冊（增訂三版）	360 元
23	培訓部門流程規範化管理	360 元
24	領導技巧培訓遊戲	360 元
26	提升服務品質培訓遊戲	360 元
27	執行能力培訓遊戲	360 元
28	企業如何培訓內部講師	360 元
31	激勵員工培訓遊戲	420 元
32	企業培訓活動的破冰遊戲（增訂二版）	420 元
33	解決問題能力培訓遊戲	420 元
34	情商管理培訓遊戲	420 元
36	銷售部門培訓遊戲綜合本	420 元
37	溝通能力培訓遊戲	420 元
38	如何建立內部培訓體系	420 元
39	團隊合作培訓遊戲（增訂四版）	420 元
40	培訓師手冊（增訂六版）	420 元
41	企業培訓遊戲大全（增訂五版）	450 元

《傳銷叢書》

4	傳銷致富	360 元
5	傳銷培訓課程	360 元
10	頂尖傳銷術	360 元
12	現在輪到你成功	350 元
13	鑽石傳銷商培訓手冊	350 元
14	傳銷皇帝的激勵技巧	360 元
15	傳銷皇帝的溝通技巧	360 元
19	傳銷分享會運作範例	360 元

20	傳銷成功技巧（增訂五版）	400 元
21	傳銷領袖（增訂二版）	400 元
22	傳銷話術	400 元
24	如何傳銷邀約（增訂二版）	450 元
25	傳銷精英	450 元

為方便讀者選購，本公司將一部分上述圖書又加以專門分類如下：

《主管叢書》

1	部門主管手冊（增訂五版）	360 元
2	總經理手冊	420 元
4	生產主管操作手冊（增訂五版）	420 元
5	店長操作手冊（增訂七版）	420 元
6	財務經理手冊	360 元
7	人事經理操作手冊	360 元
8	行銷總監工作指引	360 元
9	行銷總監實戰案例	360 元

《總經理叢書》

1	總經理如何管理公司	360 元
2	總經理如何領導成功團隊	360 元
3	總經理如何熟悉財務控制	360 元
4	總經理如何靈活調動資金	360 元
5	總經理手冊	420 元

《人事管理叢書》

1	人事經理操作手冊	360 元
2	從招聘到離職	450 元
3	員工招聘性向測試方法	360 元
5	總務部門重點工作（增訂四版）	450 元
6	如何識別人才	360 元
7	如何處理員工離職問題	360 元
8	人力資源部流程規範化管理（增訂五版）	420 元
9	面試主考官工作實務	360 元
10	主管如何激勵部屬	360 元
11	主管必備的授權技巧	360 元
12	部門主管手冊（增訂五版）	360 元

在海外出差的………
台灣上班族

　　愈來愈多的台灣上班族，到大陸工作（或出差），
對工作的努力與敬業，是台灣上班族的核心競爭力；一個
明顯的例子，返台休假期間，台灣上班族都會抽空再買
書，設法充實自身專業能力。

　　[**憲業企管顧問公司**]以專業立場，為企業界提供最專
業的各種經營管理類圖書。

　　85%的台灣上班族都曾經有過購買（或閱讀）[**憲業企
管顧問公司**]所出版的各種企管圖書。

　　尤其是在競爭激烈或經濟不景氣時，更要加強投資在
自己的專業能力，建議你：

　　工作之餘要多看書，加強競爭力。

建立企業圖書館

當市場競爭激烈時：

培訓員工，強化員工競爭力
是企業最佳對策

「人才」是企業最大的財富。如何提升人才，是企業永續經營、戰勝對手的核心競爭力。積極培訓公司內部員工，是經濟不景氣時期的最佳戰略，而最快速的具體作法，就是「建立企業內部圖書館，鼓勵員工多閱讀、多進修專業書籍」

建議您：請一次購足本公司所出版各種經營管理類圖書，作為貴公司內部員工培訓圖書。 使用率高的（例如「贏在細節管理」），準備 3 本；使用率低的（例如「工廠設備維護手冊」），只買 1 本。

給 總 經 理 的 話

　　總經理公事繁忙，還要設法擠出時間，赴外上課進修學習，努力不懈，力爭上游。

　　總經理拚命充電，但是員工呢？

　　公司的執行仍然要靠員工，為什麼不要讓員工一起進修學習呢？

　　買幾本好書，交待員工一起讀書，或是買好書送給員工當禮品。簡單、立刻可行，多好的事！

經營顧問叢書 　　　售價：450 元

人力資源部流程規範化管理（增訂六版）

西元二〇一九年五月	五版一刷
西元二〇二〇年二月	五版二刷
西元二〇二一年五月	五版三刷
西元二〇二三年十月	增訂六版一刷

編著：李河源

策劃：麥可國際出版有限公司（新加坡）

編輯指導：黃憲仁

封面設計：宇軒設計工作室

校對：蕭玲

發行所：憲業企管顧問有限公司

電話：（02）2762-2241　　（03）9310960　　0930872873

電子郵件聯絡信箱：huang2838@yahoo.com.tw

銀行 ATM 轉帳：合作金庫銀行　　帳號：5034-717-347447

郵政劃撥：18410591　　憲業企管顧問有限公司

江祖平律師顧問：紙品書、數位書著作權與版權均歸本公司所有

登記證：行政業新聞局版台業字第 6380 號

本公司徵求海外版權出版代理商（0930872873）

本圖書是由憲業企管顧問（集團）公司所出版，以專業立場，為企業界提供最專業的各種經營管理類圖書。

圖書編號 ISBN：978-986-369-117-4